传统建筑营造技艺与保护传承：

以宁海古戏台为例

夏秀敏　周璟璟　吴珊珊　著

北京大学出版社
PEKING UNIVERSITY PRESS

内 容 简 介

本书是系统研究宁海古戏台建筑群的专著。宁海县因其丰富的人文环境、繁荣的社会经济和独特的民俗文化，孕育了源远流长的戏曲文化和精美华丽的古戏台建筑群。本书对宁海古戏台建筑群的历史演进、地域分布、基本形制、建筑特色、装饰艺术等进行系统性研究，探究宁海古戏台建筑群的特征和价值，并详细剖析了10座国家级古戏台。本书提出了古戏台保护与传承策略，希望借此激发人们对传统建筑和文化的热爱，共同努力保护和传承这一独具特色的文化遗产。

本书图文并茂，信息丰富，兼具学术性与艺术性，适用于城乡规划、建筑学专业的学生及文化遗产保护工作者阅读。对于喜爱中国传统建筑和戏曲文化的读者来说，本书是一本不可多得的精品。

图书在版编目（CIP）数据

传统建筑营造技艺与保护传承：以宁海古戏台为例 / 夏秀敏，周璟璟，吴珊珊著．—北京：北京大学出版社，2023.9

ISBN 978-7-301-34417-0

Ⅰ．①传…　Ⅱ．①夏…②周…③吴…　Ⅲ．①舞台—古建筑—建筑艺术—研究—宁海县　Ⅳ．①TU-092.955.4

中国国家版本馆CIP数据核字（2023）第168801号

书　　名	传统建筑营造技艺与保护传承：以宁海古戏台为例 CHUANTONG JIANZHU YINGZAO JIYI YU BAOHU CHUANCHENG: YI NINGHAI GUXITAI WEILI
著作责任者	夏秀敏　周璟璟　吴珊珊　著
策划编辑	吴　迪
责任编辑	林秀丽
标准书号	ISBN 978-7-301-34417-0
出版发行	北京大学出版社
地　　址	北京市海淀区成府路205号　100871
网　　址	http://www.pup.cn　新浪微博：@北京大学出版社
电子邮箱	编辑部 pup6@pup.cn　总编室 zpup@pup.cn
电　　话	邮购部 010-62752015　发行部 010-62750672　编辑部 010-62750667
印 刷 者	天津中印联印务有限公司
经 销 者	新华书店
	787毫米×1092毫米　16开本　13.75印张　320千字 2023年9月第1版　2023年9月第1次印刷
定　　价	118.00元

2021年度宁波市“科技创新2025”重大专项《宁波海岸带文化景观传承关键技术与应用示范》（批准号：20211ZDYF020034）

2022—2023年度浙江省文化和旅游厅科研项目《人地关系视角下艺术介入乡村旅游的绩效评价及路径优化研究》（项目号：2022KYY009）

前　言

古戏台是中国传统戏曲的演出场地，是戏曲表演艺术与古代建筑艺术巧妙结合的产物，它不仅是一种建筑形制，更是一种文化展台。在不同的历史时期，古戏台不仅在形制、大小、样式上有所不同，还在具体功能上有所变化。比如，在原始时期，古戏台通常被用作崇拜神灵或召唤鬼神的场所，到了中古时期，古戏台已经成为戏曲表演的场所；而到了近代，古戏台成为一种独具特色的文化遗产，一种独特的文化符号，它不仅是中国传统文化的重要组成部分，也是研究中国古代建筑和传统戏曲文化的珍贵资料。

古戏台是多学科共同研究的对象，建筑学、民俗学、艺术学等领域的学者从不同的角度对古戏台进行了探索和研究。研究内容包括古戏台与民俗信仰文化、戏曲艺术、舞台表现形式的关系，不同历史时期的古戏台类型特点和演变过程，以及古戏台建筑和装饰，等等。但以一个地域的古戏台建筑群为研究对象，开展综合性、系统性研究的成果较少。中国传统戏曲的演出场地种类繁多，在不同的历史时期有不同的样式、特点、建造规模。中国各地的古戏台数量、种类繁多，并且在不同的历史时期有不同的形制和特色，从古至今留下了很多优秀的建筑，宁海古戏台建筑群就是其中的典型代表。宁海县地处中国东南部的浙江省，由于独特的地理位置、复杂的人文环境以及相对封闭的自然条件，形成了以农耕为主的经济结构和文化习俗，民间信仰丰富多彩，戏曲艺术精彩纷呈。直至今天，仍存有125座古戏台，形成独具特色的地域性古戏台建筑群。本书对宁海古戏台建筑群进行整体性、系统性研究，丰富了中国古戏台研究的基础资料和研究广度。

宁海古戏台建筑群以宗祠戏台、庙宇戏台为主，集上乘的美学构思、雕刻和彩画于一身。宁海大多古戏台有华丽的戏台藻井。戏台藻井不但在声学上对戏曲演唱具有积极的意义，而且在装饰上具有很强的艺术效果。其中部分戏台纵向排列三个或两个不同形式的藻井，这种藻井形式具有极高的历史和艺术价值。戏台施工时引入竞争机制，由两队工匠沿中轴线分头施工，当地称作“劈作做”，是罕见的施工工艺。宁海古戏台建筑群是中国古戏台建筑艺术的杰出代表，也是中国古戏台研究的重要样本。

本书共分9章，第1章介绍中国传统戏曲与中国古戏台的历史；第2章介绍宁海古戏台建筑群的成因及历史演进；第3章从宏观视角纵览宁海古戏台建筑群的地域分布及分类；第4～7章从整体上对宁海古戏台建筑群的基本形制与空间形态、建筑形式和特色、装饰艺术、营造技艺特点开展系统剖析和研究；第8章聚焦10座宁海国家级古戏台，对古戏台建筑单体进行深入解析；第9章从研究价值、保存现状、保护与传承、数字化保护方面对宁海古戏台建筑群的保护、传承和利用提出建议和对策。

本书编写团队长期从事传统聚落、历史建筑、地域文化景观的教学、科研与规划工作，具备扎实的理论基础和丰富的实践经验。全书由夏秀敏、周璟璟、吴珊珊共同撰写，夏秀敏负责全书的总体策划、构思。其中夏秀敏完成12万字，周璟璟完成10万字，吴珊珊完成10万字。

本书的顺利出版与多方的支持密不可分。本书得到2021年度宁波市“科技创新2025”重大专项《宁波海岸带文化景观传承关键技术与应用示范》(批准号：20211ZDYF020034)研究经费的支持，是重大专项的研究成果之一；还得到2022—2023年度浙江省文化和旅游厅科研项目《人地关系视角下艺术介入乡村旅游的绩效评价及路径优化研究》(项目号：2022KYY009)课题的大力支持。感谢浙江广厦建设职业技术大学工艺美术专业王蝉、李一琦、叶玉萍、胡欣怡等同学的积极参与；感谢宁海县文物保护管理所提供的大量资料；同时感谢下浦村、岙胡村、樟树村、龙宫村等各村村民对宁海古戏台现场调研的大力支持。本书在编写过程中参考了大量的专著、论文、规范、标准、规划、政策、文件等，在此对这些文献资料的作者表示由衷的敬意与感谢。在此书完成之际，衷心感谢北京大学出版社吴迪、林秀丽的支持和不断督促。

古戏台建筑所涉及的问题比较庞杂，由于时间仓促，加之作者水平有限，书中难免存在疏漏与不足之处，恳请广大读者批评指正。

目　录

第1章

中国传统戏曲与中国古戏台的历史

1.1
中国传统戏曲的形成与发展

中国传统艺术形式的“戏曲”不同于西方的“戏剧”，它的内涵和外延要宽泛得多。除了“戏剧”，它还包括乐、舞、歌以及其他表演技艺，比如杂技、武术，甚至“游戏”，所以中国传统戏曲在形成之初叫作“散乐”“百戏”“杂戏”“杂剧”。散、百、杂在一定程度上体现了表演艺术多元的特征。中国传统戏曲可以说是由文学、音乐、舞蹈、美术、武术、杂技以及表演艺术综合而成的。

中国传统戏曲起源于原始时期的巫术歌舞，汉代开始有了初步的发展，宋代戏曲艺术逐步成熟，形成了比较完备的形式。明代开始，由于社会环境的改变以及文人、士大夫的倡导，出现了许多与市民阶层相去甚远的俗世剧。到了清中后期，各种地方戏曲剧种应运而生，形成了百花齐放的戏曲文化。

1.1.1　原始时期至秦时期

原始时期人类已能模仿动物形态，创作带有宗教仪式的表演。这种原始戏剧表现为“拟兽戏剧”，出现了“百兽率舞”“以物喻人”的祭祀礼仪，而这一祭祀仪式就是最初的戏曲形式，即巫歌。原始的文化艺术处于混沌状态，无诗歌、音乐、美术、舞蹈、戏剧之分。巫师或表演者采取一切可利用的手段来叙事、抒情、达意，动作和语调呈现为乐舞及诗歌。乐舞表演中的叙事不排斥戏剧性装扮，但是不强调特定的环境，因此不需要设定具体的戏剧场景。

商朝以礼乐治国，“乐”和“戏”有雅俗之分。乐趋雅，戏趋俗。乐舞是礼乐的一部分，称“雅乐”，用于贵族的宴会；民间无拘无束的乐舞称“俗乐”“散乐”“戏乐”。西周时期人们开始把各种信仰、崇拜的巫歌发展为祭祀歌舞，以此表达自己对神灵的崇敬之情，随之产生了一些类似于戏曲的艺术形式。春秋战国时期到秦朝的祭祀戏曲所展示的宗教性逐渐减弱，逐渐发展出娱乐的功能。

1.1.2　汉唐时期

从汉代开始，贵族们喜欢举办盛宴，常常以歌舞和小戏作为附带娱乐，戏曲开始更多地追求娱乐性和趣味性，而秦朝以前戏曲的宗教性则逐渐失去了影响力，这使得戏曲与宗教之间有了明显的分界。汉代以后，随着国家权力下移到基层社会，统治者对民间娱乐的重视程度不断提升，歌舞戏开始成为一种主要的娱乐活动方式，并且逐渐发展成一个独立的艺术门类。祭祀歌舞逐渐被歌舞戏所取代，这时的戏曲只服务于君主与贵族阶层，和底层民众没有关系。

汉代开始有类似于戏曲性质的舞蹈戏，如“鼓角吹笙戏”“击鼓戏”等。和祭祀歌舞单一的表演不同，汉代盛行的百戏具有简单的情节。例如，角抵戏《东海黄公》演绎的就是东海人黄公用符咒伏虎但被虎所害的传奇故事，这部戏是中国传统戏曲发展的一个里程碑。

隋大业二年（公元 606 年），隋炀帝在东都洛阳举办大型的乐舞百戏盛会，此后成为惯例。每年正月初五到正月十五，“端门外，建国门内，绵亘八里，列为戏场。百官起棚夹路，从昏至旦，以纵观内，至晦而罢”。

唐代乐舞百戏极为繁盛，歌舞戏在民间流传。唐代朝廷设十部乐，汇集民间各地区乐舞、戏曲，并且吸收当时西域各民族演出，从而交流融合，衍生出许多优戏，并且开发出了歌舞戏的新品种。宫廷乐舞机构继承秦汉机制，以太常寺为掌管礼乐的最高行政机构，下设太乐署、鼓吹署负责祭祀、宴飨。此外唐代设有专门的伎乐机构——教坊，教习和排练“非正声”的散乐百戏，即胡乐、俗乐。唐明皇（玄宗）创设“梨园”，与太常寺脱离，号称“皇帝梨园弟子”。于是，梨园成为教坊中相对独立的乐舞机构。

汉唐时期的戏曲形态是不完整的，但它却为宋至金时期戏曲的发展、成熟打下了基础。在这一过程中，宫廷优伶发挥了重要作用。

1.1.3 宋金时期

宋代商品经济发达，水陆交通网节点地区很快就形成了消费与交易并重的商业城市，自由与宽容的社会环境进一步推动了戏曲向成熟文化形态发展。宋代把各种表演艺术融为一体，既包含了优戏与歌舞，又加入了说唱等艺术门类，因此融合了歌舞、说唱、优戏的“宋杂剧”开始出现。

北宋中期，随着文人士大夫的参与和娱乐意识增强，一些文人创作出一批反映当时社会生活、思想文化的戏曲作品。南宋说唱和宋杂剧结合衍生出南戏。东南沿海地区的南戏以优戏为主，歌舞戏为辅，融合了当地民间唱曲，同时吸收了社火舞蹈和其他民俗。南戏是宋代成熟戏曲中具有代表性的一种形式。宋代南戏通过各种舞台形式演绎完整故事或展示复杂情景，并且细分为生、旦、外、贴、丑、净、末七个戏曲表演行当。这种综合艺术的出现使戏曲有了更为广阔的生存空间，对后世产生了深远的影响。宋至金时期，中国戏曲进入成熟阶段，其是在源远流长的乐舞、百戏和说唱文学的基础上形成的。

1.1.4 元清时期

元代的各种文化生活相互渗透和碰撞，南北沟通融合。“元杂剧”在“宋杂剧”基础上大力发展，成为一种新型的戏剧。在元代，大量中下层文人参与戏曲创作，突破格律越来越严谨的诗、词范式形成，形成以“散曲”与“戏曲”并行的元杂剧，从而出现了第一个戏曲创作高峰。最具代表性的元杂剧有王实甫的《西厢记》，关汉卿的《窦娥冤》《单刀会》，马致远的《汉宫秋》等。

明代戏曲又称传奇，其形式极类似于南戏，只是制度较为严密完善，最有代表性的有《牡丹亭》《桃花扇》《长生殿》。这期间戏曲发展出四种代表声腔，即弋阳腔、余姚腔、海盐腔、昆山腔，其中以昆山腔最为兴盛，其影响遍及大江南北。随着商业的蓬勃发展，社会经济环境宽松，权贵及士大夫阶层追求奢华的生活，戏曲成为他们的爱好追求，文人则更热衷于戏曲创作。在此环境下，戏曲快速发展。南戏在东南地区得到了很好的发展，涌现出新的声腔风格，迅速传遍全国，成为世俗文化的代表。昆山腔则以江南地区为中心开始独特的发展，走向了“雅”的道路，逐渐脱离了底层普通民众。明代的戏曲在表演手段、服饰化妆、唱腔伴奏等方面结构更加精细、规范化程度更高，从成熟的戏曲结构发展为表达美学情境的表演形式。到明末清初，由于社会动乱以及战乱频发导致社会风气败坏，文人戏曲逐渐淡出舞台。

清代的地方戏根植于民间文化，广泛采用弦索、梆子、乱弹和皮黄四种声腔。在长江流域，这些声腔与地方文化相结合，衍生出许多小剧种。这些小剧种常常体现了南北文化背景的双重性，符合当地方言和声腔类型的戏曲文化得以形成。乾隆五十五年（公元 1790 年），高宗大寿，徽班进京，把徽调在北京推广开来。徽班进京不久，汉调艺人将西皮腔带到了北京。经过长时间的交流和融合，这两种声腔逐渐合并为皮黄剧，也就是京剧。京剧随后成为我国最具影响力的戏曲剧种。

南戏在清代达到了顶峰。根据史料记载，当时全国有 300 多个戏曲剧种。这些戏曲剧种都是由当地民众创造并传承下来的，所以其艺术形式也多是以地方性语言为基础进行创作和表演的，从而成为一种独特的区域特色。

清代戏曲除几大南北声腔交融衍化外，另有一种由民间歌舞说唱演变而成的小戏类型，诸如花鼓戏、秧歌戏、采茶戏、灯戏、彩调戏等。这些民间小戏往往与当地的生产生活和民间传统密切相关。与其他各种声腔剧种相比，这些小戏形式相对简单，人物刻画较为局限，唱腔古朴，但节奏活泼，体现出浓郁的生活气息。这些小戏在表演形式和民间祭祀活动之间存在明显的相互渗透关系。

1.2
中国古戏台的发展和类型

戏台，也称戏楼，作为传统戏曲的载体，是我国独特的剧场形态，也是我国传统剧场构成的核心。传统戏曲的繁荣带动了戏台的发展。汉代以前，戏曲存在的唯一目的就是为了祭神献祖，戏曲表演只出现在祠庙建筑的开放场所中。随着戏曲的影响力不断扩大，西汉时期戏曲表演开始在王公贵族中盛行，并成为上层阶级不可或缺的精神娱乐。戏曲表演场所逐渐脱离对寺庙建筑的依赖，开始在各个城市中独立出现，由开放的场所转变为室内场所。宋代后期，“里坊制”被废除，城市变得开放热闹起来。大城市中出现了各种技艺集中表演的瓦舍，包括茶肆、饭铺、书场和勾栏，观众需付费才能进去观看。明清时期，戏曲的类型和演出规模都达到了顶峰，并且各个地区的戏台建筑也变得越发精美，以满足观众日益增长的审美需求和视觉效果。然而，在清代后期，由于清政府的昏庸无能以及外国侵略者的破坏，戏曲文化的进一步发展和传承遭受了严重的阻碍，导致许多优秀剧种消失，戏台建筑也遭到了破坏，甚至毁灭。

总体而言，中国传统戏曲表演场所经历了从临时性表演场所向永久性表演场所转变，从无顶盖的露台向有屋顶的舞台转变，从四面观演向一面观演转变，从依附于祠庙建筑的戏台向独立式、商业化的戏园转变，从露天的简陋观众席场地向封闭、专设的观众席场地转变的发展。

1.2.1 自然场地

最初，戏曲只是一种带有宗教性质的模仿表演。因此，戏曲的演出场所通常选择一些具有宗教意义的天然场所，再添上一些树木、山石和宗教符号，营造出一种宗教氛围。随着时间的推移，一些宗教祭祀性的演出日益演变成社会上层的自娱自乐活动。戏曲的演出场所由山林野地逐渐转移到了室内的厅堂、殿宇和庭院。这个阶段戏曲的演出场所是自然场地，形态具有自然和随机的特点，不考虑观众观赏的需求。

1.2.2 露台

为便于观众观赏，在神庙中相对固定的演出场所，将表演区搭设为高出地面的露天之台，称“露台”。露台的出现是由于戏曲对观演条件的重视，逐渐发展到区分出表演空间与观赏空间。这时期戏曲演出场所一般为高出地面的台子，为观赏者提供充分的视野，最初的露台是用土垒成的。露台最早源于汉代主殿前面的平台，主要是用来和大殿中神灵进

图 1.1　仙游文庙露台

行沟通的，举行某些降神祭祀和其他礼仪。魏晋南北朝时开始出现寺庙建筑。到唐代时，寺院内部出现戏台并开始有专门供人观赏表演的地方。从敦煌壁画可以看到，唐代露台已被大量用于乐舞的表演。此后由于表演活动更加注重观众观赏的需求，于是露台渐渐从大殿中独立出来，成为大殿前的一块方形平台，台基多由地面延伸至屋檐下，此形式已成为历代殿堂建筑格局。此平台脱离殿堂，成为一种远离殿堂的中间庭院，并向戏台建制迈进，如图 1.1 所示的始建于唐代的仙游文庙露台。这一时期寺院内出现了以露台为主的多种表演空间类型，因而露台逐渐变成殿堂前的固定建筑元素。

除露台外，南北朝时期出现专为演奏乐曲而设的木结构台，名为“熊罴案”。“熊罴案”始创于梁武帝时期，后经过进一步加工和美化。此台拆装容易，故为宋代朝廷所采用。宋代在此基础上发展出形象更为美观的可临时搭拆的木结构露台，逢年过节到处搭建。《东京梦华录》中就记载了为庆祝元宵节而临时搭起的露台，彩结栏槛，形象华丽。

1.2.3　乐棚

露台没有覆盖屋顶，因此在使用时很容易受到天气的影响。为了观看各种表演，汉代开始出现一些临时性的顶棚。这些顶棚主要是为观众搭建的，表演者仍然在自然场地中表演。在唐代，这种临时性的顶棚范围扩大，出现了用布幔或板壁将整个演出场所围起来的传统流动性的演出场所，称“乐棚”。这些乐棚主要出现在节日期间，供百姓观看表演。

1.2.4　勾栏瓦舍

图 1.2　勾栏瓦舍

宋代里坊制取消后，市井之间出现了一个世俗的商业性戏曲观演场所——勾栏瓦舍，如图 1.2 所示。“勾栏”源于表演台周围所设的矮栏杆，“瓦舍”的意思就是娱乐集中的地方。勾栏瓦舍布局以神庙戏场为原型，但更加关注看戏观众的舒适性。为了避免天气对观演活动的影响，在戏台、庭院等空间中加入顶盖，形成了闭合的观演空间。观众席逐步升高，并建造了三面环抱的勾栏，代替了之前四面观看表演的方式。为了更方便演出，勾栏出现了前台和后台，中间用布幔隔开，演员们通过上下场门在表演区和后台之间出入，这被称为“鬼门道”。此时，观众所观看的表演不仅包括各种技艺，也包括了戏曲的雏形——宋杂剧。因此，勾栏瓦舍可以看作中国传统戏曲剧场的雏形。勾栏瓦舍建造标准在《营造法式》中并未有明确记载，表明其形制和同时代的其他建筑没有太大区别。勾栏属于棚木结构的建筑，它由屋顶、墙体、栏杆、栏栅以及附属设施组成，主要用于观赏表演或娱乐休闲。勾栏棚顶部多用粗木和其他材料搭建而成，且规模较大，可容纳数千人。但每个勾栏的大小不尽相同，要根据当时的观演活动而定。每个勾栏都有自己的名称，如莲花棚、牡丹棚、夜叉棚、象棚、梁园棚等。

勾栏建筑到了明代晚期渐趋没落以至消亡。由于勾栏多为木料与席棚的拼合，就建筑技术而言，未能很好地解决大跨度空间形式的结构与构造问题，观演场所经常发生安全问题，严重制约勾栏建筑的发展。

1.2.5 舞亭

舞亭是在高出地面的露台上设有亭阁式顶盖的固定建筑，观众可以围观此建筑上面的表演。最早在北宋年间出现了舞亭的记载，一些表演场所开始出现乐棚和露台相结合的舞亭。宋元时期，露台已大量改造成舞亭。宋金时期关于舞亭类建筑的称呼颇多，有舞亭、舞楼、舞厅、乐厅、乐亭、乐楼、乐庭、舞榭、乐舞楼、乐舞亭等。舞亭的舞台不再是临时的木棚搭建物，而是一座富有装饰的永久性建筑物。

从现存的金代戏台遗址的现场考察来看，舞亭类建筑基本形制已经定型：通常是台基1米高，平面为方形，材质多为石质或者砖质，如图 1.3 所示的泽州县南村镇冶底村东岳庙舞楼。戏台的基座四角各立着一根柱子，这些柱子是石质的或者是木质的，上面有四个方向的横梁。这些横梁相互搭接于拐角处并平行排列，形成了一个井字形的框架。额枋两侧各有斗拱四攒、五攒乃至六攒不等。转角处施抹角梁及大角梁。其上有井口枋，以普拍枋斜角搭构成第二层井字框架，并和第一层框架相交相叠。其上还有斗拱，设置第三层框架。各层框架渐次收缩，构成藻井，有助于舞台乐音聚拢，产生共鸣。这个时期的舞亭类建筑基本形制为四周无墙、四壁洞开，可以四面观看。

图 1.3 泽州县南村镇冶底村东岳庙舞楼

元代之后舞亭称为“舞厅”，它的建筑形制发生了重要变化，舞厅从四面观变成三面观。戏台开始分为前后台，有些戏台在两山面后的 1/2

图 1.4　冀城县武池村乔泽庙舞楼

处设置辅柱来进行辅助支撑。辅柱和角柱之间竖着砌墙，由两个辅柱之间的横帐幔形成前后台的分隔，构成了三面观的形式，翼城县武池村乔泽庙舞楼就是这样的戏台，如图 1.4 所示。之后，中国古代戏台通常都采用三面观的形式。后来，戏台两侧的山墙变得更加完整，从三面观的形式逐渐过渡到一面观，其北立面成为观众能够看到的唯一戏台立面，面宽距离能容纳 5～8 人同时进行演出。

1.2.6　戏台

在明清时期，随着戏曲的不断发展和完善，涌现出了许多专门的戏曲演出场所。其中的茶楼又被称为“茶园”“戏园”或“戏馆”，起初以供茶酒为主，观赏戏曲只是作为附带的娱乐活动。但逐渐地，这些场所的经营重点转向了戏曲演出，茶酒等其他服务则成为辅助。由此，茶楼逐渐成为了专业的戏曲演出场所。茶楼将演出地和观赏地都置于室内，成为规模更加宏大的室内剧场。观众分为不同等级，一般观众坐在楼下的“散坐”区域，富有的观众则坐在楼上戏台两侧的“包厢”。这种戏台，观众可从三个方向观赏演出。由于戏台放在了室内，因此演出所需光线由原来的自然光变为人工光，戏台灯光因此开始有了更高的要求。

各省的会馆是常用作戏曲表演之地，内设戏台。这些会馆往往由商人联合集资建造，旨在为人们提供“叙乡谊、通商情、敬关爷”的社交与交流场所。例如，清咸丰三年（公元 1853 年）建造的宁波庆安会馆，就是一座清代装修精美的会馆建筑，如图 1.5 所示。会馆建有照壁、接水亭、宫门、前殿（连戏台）、大殿（连戏台）、后殿、左右厢房及偏房等。会馆内建有前后两座戏台，前戏台为祭祀妈祖用，后戏台为行业聚会时演戏用。前戏台建筑为最具特色的歇山顶造型，屋面雕饰有人物、瑞兽等形象，屋顶选用筒瓦覆盖。戏台内顶为藻井，呈穹隆式，梁的侧面装饰朱金木雕，有戏曲人物、花鸟等图案。戏台三边围有摺锦拱形栏杆，俗称“火栏杆”。戏台内侧有八扇精美的屏风，两侧各有一扇门，是演员的进出通道。

图 1.5　宁波庆安会馆

第2章

宁海古戏台建筑群的成因及历史演进

2.1
自然环境

宁海，顾名思义是平静的大海，相传东海之内皆波涛翻滚，唯此处港湾风平浪静，故称宁海。宁海县位于浙江省东南沿海，地处北纬 29°06′～29°32′、东经 121°09′～121°49′ 之间。宁海东接象山县，南壤三门县，西接天台县与新昌县，北连奉化区。宁海背山面海，西部连接天台山脉，北濒象山港，南临三门湾，如图 2.1 所示。

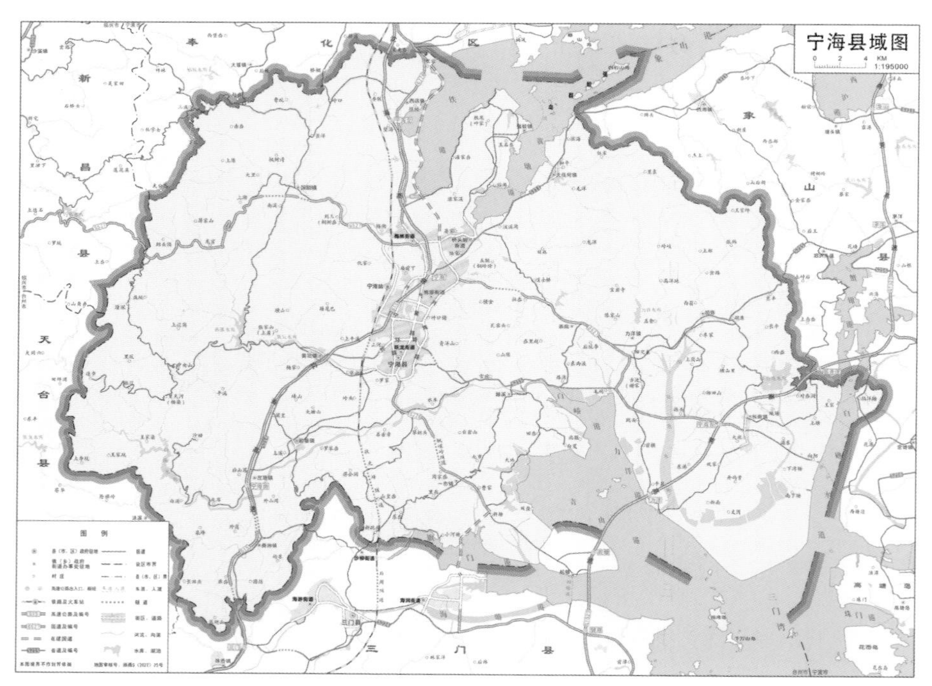

图 2.1　宁海县域图

宁海县域整体地势西北高东南低，分布着山地、平原和丘陵，属滨海丘陵地貌。境内江河纵横，海岸线蜿蜒绵长。天台山脉中段横亘全境，是宁海重要的生态屏障。西北部山高谷深，峰峦起伏；中部地势平缓，溪流众多；东南部则以平地、海域滩涂为主。宁海素有“七山一水二分田”之说，森林覆盖率高，植被种类丰富多样，生态环境优越。在这片土地上孕育了深厚而灿烂的历史文化和多元而开放的民俗。截至 2022 年年底，宁海县下辖 4 个街道、11 个镇、3 个乡，常住人口为 70.9 万人，城镇化率为 63.7%。

宁海属亚热带季风性湿润气候区，常年以东南风为主，四季分明，光照较多，雨量丰沛，空气湿润，年平均气温 15.3～17℃，年日照 1900h 左右，平均相对湿度 78%，年平均降水量 1000～1600mm。由于宁海临近东海，每年的七月到九月台风多发，对百姓的生产生活造成了一定影响。

2.2 历史沿革

宁海自西晋太康元年（公元 280 年）设县，至今已有 1700 多年的历史。隋开皇九年（公元 589 年），宁海县废除，并入临海县，相继属处州、扩州和永嘉郡。唐武德四年（公元 621 年），于临海县置海州，复置宁海县，治所海游（今三门县海游街道），属海州。唐武德五年（公元 622 年），海州改为台州，武德七年（公元 624 年），宁海县并入章安县。唐永昌元年（公元 689 年），复置宁海县，县城为广度里，南宋之后亦称缑城，建治初，有城围 600 步，筑 4 门，后废。唐神龙二年（公元 706 年），县东大片区域划归至新建的象山县。唐天宝元年（公元 742 年），台州改为临海郡。唐乾元元年（公元 758 年），临海郡复为台州。五代时，台州属于吴越国。北宋太平兴国三年（公元 978 年），台州入宋版图。宋嘉定年间（公元 1208—1224 年），城区在驿道置 2 门，西面称望台、北面称朝京。元至元十四年（公元 1277 年），台州改为台州路。明清时期，均属台州府。明嘉靖三十一年（公元 1552 年）冬，为御倭寇，知县林大梁倡建新城，次年落成，城高约 7.4 米，厚约 5.5 米，周长约 4700 米。建 5 门即东靖海、西登台、南迎薰、北拱辰、西北称小北门，皆有城楼。环城凿护城河，深约 3.1 米，宽约 4.6 米，布石桥以通往来。后城门经整修，增小南门，并称小北门为望阙门，小南门为登瀛门。1949 年宁海县初属台州专区，后隶属宁波专区或台州专区。1958 年 11 月，撤宁海县，并入象山县，属宁波专区，城垣于当年拆除，其址建环城路。政府驻地为原宁海县的沥洋（1962 年更名为“力洋”），次年 4 月移至原宁海城关。1961 年 12 月，恢复宁海县，属宁波专区。1983 年 7 月，宁波地市合并，实行市管县制度，宁海县归属宁波市。

古县署旁有县圃，建有云锦亭、岸喷亭、真爱亭、青云榭、横翠阁。其间古木参天，绿树成荫。宋薛抗有《县圃十绝》记其景色之佳。城内有两条河。一条是桃源河，亦称桃溪，南起白石头路西首，北流入拱辰门内侧之蒲湖，上有泥桥及永春、桃源、步云、春浪、三步等桥。另一条是玉带河，亦称广度河，起于古县署前，向东、西分流，曲折围绕桃源河、蒲湖。今桃源河已改为地下水道，诸桥均废，地面成桃源路；玉带河也成为地下水道。

2.3
人文环境

2.3.1 唐朝

唐朝经济昌盛，文化繁荣，涌现出了一批才华横溢的文人。他们以独到的审美欣赏大自然的美景，以独特的视角观察生活，将这种感受融入他们的文学创作中，从而留下了许多备受赞誉的诗篇。这些诗作不仅记录了唐朝社会风貌和风土人情，而且还反映了当时人们对自然景色的认识与评价。根据专家的考证，全唐诗收录的2200余位诗人中，有451位曾游览过“浙东唐诗之路”风景线，为后人留下了一条融合山水人文之美、与景观文化相得益彰的“浙东唐诗之路”。宁海是“浙东唐诗之路”中不可或缺的一环，历代文人墨客来此游历，留下许多脍炙人口的诗篇。李白的“凭高登远览，直下见溟渤”、孟浩然的“海行信风帆，夕宿逗云岛”等著名诗句描述的山海风光就在宁海境内。唐中期，安史之乱爆发，战争让北方百姓不堪重负，于是纷纷举家逃到南方避难。在此期间，数量众多的北方百姓迁到宁海定居，其中不乏门阀士族。大量移民涌入宁海，使得当地人口激增，经济得到迅速发展，文化也随之兴盛起来。陈后主陈叔宝后裔就是在这种历史背景下迁居宁海。

2.3.2 宋朝

宋朝崇儒重教的风气盛行，推动了经济和文化的快速发展，使全社会呈现出前所未有的繁荣景象。在教育方面尤为突出，书院数量之多、学生之众都是历代所罕见的。据史料记载，北宋时期宁海有超过140位文人通过科举考试成为进士，这一数字创下了历代之最，充分证明了当时宁海文风的兴盛。由于宁海土地肥沃、物产丰富。数量众多的士族门阀纷纷迁入这里安家落户，这为当地经济和人口的增长奠定了坚实的基础，同时推动了文化的繁荣兴盛。宁海涌现出许多著名的学者。史学家胡三省，如图2.2所示，为《资治通鉴》编写了注评本《资治通鉴音注》。南宋右丞相兼枢密使叶梦鼎，如图2.3所示，则倡导兴国安邦，关心百姓的福祉。

图2.2 胡三省画像

图2.3 叶梦鼎画像

2.3.3 元朝

在元朝初期，以王应麟、胡三省等为代表的江南士大夫们，怀着对南宋故国的眷恋，采取躲避乡里、终身不出仕的消极态度，以对抗朝廷的统治。他们的这种思想和行为与当时盛行的元杂剧有着密切的关系。元朝统治者倡导将歌舞戏曲融入广大民众的娱乐之中，从而将宋代戏曲艺术升华为元曲艺术。这些因素共同推动了元曲的诞生和繁荣。在此时期，涌现出大批文人学者参与戏曲创作，其中包括以关汉卿、王实甫、马致远、白朴为代表的元曲四大家，分别创作了《西厢记》《窦娥冤》《汉宫秋》《梧桐雨》等杰出作品。元代的剧作家如雨后春笋般涌现，使得整个元杂剧呈现出一片繁荣的景象。宁海的戏曲艺术汲取了元曲艺术的精髓，从而孕育出独具特色的艺术风格，为丰富的戏曲文化奠定了牢固的基础。

2.3.4 明朝

明朝建立后，统治者积极采取轻徭薄赋的政策，恢复社会生产。为了强化中央集权，明建文帝采取了削藩措施，而朱棣则以“清君侧，靖国难”的名义起兵攻占京城，历史上称为靖难之役。由于明代大儒方孝孺拒绝为朱棣起草继位诏书而被“灭十族”。方孝孺，如图 2.4 所示，出生在宁海县大佳何镇，亦称“正学先生”“缑城先生”。他曾任翰林侍讲，官至侍讲学士。姚广孝曾嘱咐朱棣“南有方孝孺者，素有学行，武成之日，必不降附，请勿杀之，杀之则天下读书种子绝矣”。明万历三十六年（公元 1608 年），著名的地理学家、旅行家和文学家徐霞客，如图 2.5 所示，从宁海出发，历经数十载写下了不朽巨作《徐霞客游记》。《徐霞客游记·游天台山日记》中记载：“癸丑之三月晦，自宁海出西门。云散日朗，人意山光，俱有喜态。三十里，至梁隍山。”

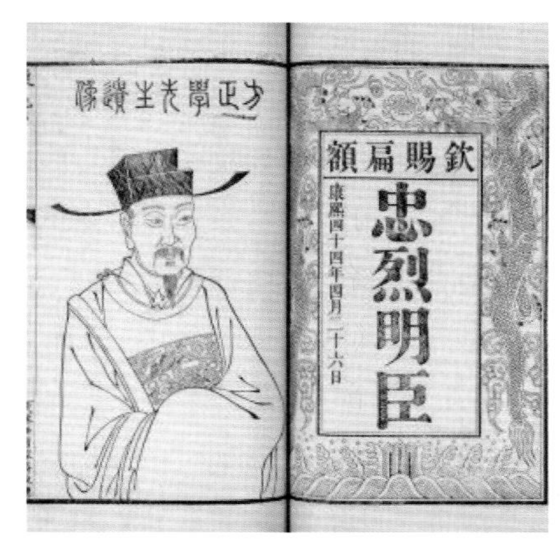

图 2.4 方孝孺画像

图 2.5 徐霞客画像

2.3.5　清朝

清政府为了避免郑成功的台湾抗清力量和大陆抗清力量接触，构建了严密的海防体系来加强对沿海地区的管理。清顺治十二年（公元 1655 年），清政府下令沿海省份“无许片帆入海，违者立置重典”。清顺治十八年（公元 1661 年），更是强令将江、浙、闽、粤、鲁等省沿海居民分别内迁三十至五十里，设界防守，严禁逾越。此后清政府又采取了一系列措施加强对海外贸易的控制和封锁。清康熙二十二年（公元 1683 年），清政府才开始允许商人进入沿海地区从事商业贸易活动，并设立了江、浙、闽、粤四大海关，分别管理各自下辖的数十个对外通商口岸的对外贸易事务。到了清晚期，由于清政府对对外贸易的限制越来越严格，国内工商业的发展受到了严重的抑制。宁海同样受到了一定程度的冲击，表现出经济增长缓慢、农业生产效率低下、手工业技术滞后、商品经济不够繁荣的局面。但在宁海人的生活中，耕读传家、宗族制度等传统文化已经深深扎根，与之相适应的社会习俗也已根深蒂固地影响着人们的行为方式。

2.3.6　中华民国

在中华民国时期的文学艺术中，炽热的民主与科学精神犹如一股永不枯竭的洪流，将人们的思想和情感贯穿其中。白话小说作为五四新文化运动的重要成果之一，不仅是时代精神的反映，更是先进知识分子政治理想和价值观念的体现，有力地推动了古典文学向现代文学的转型。在这场历史变革中，涌现了以鲁迅、巴金、茅盾、吴昌硕为代表的文学家和画家，他们创作了大量脍炙人口的作品。

出生于宁海县的潘天寿（图 2.6）是著名现代画家、教育家，其画风（图 2.7、图 2.8）大气磅礴，具有慑人的力量感和强烈的现代意识，与吴昌硕、齐白石、黄宾虹并称为 20 世纪“中国画四大家”。同期还有应野平等著名画家，他们在追求个性自由和人格独立的过程中，大胆探索新文化运动的道路。左联五烈士之一的柔石（图 2.9）一生积极从事新文化运动，唤醒民众忧国忧民的革命意识。柔石的文学代表作有短篇小说《疯人》《希望》《为奴隶的母亲》（图 2.10），中篇小说《二月》《三姊妹》等。有“浙江蔡锷”之称的童保暄是辛亥革命浙江起义的发起人，在浙江光复后，曾担任临时都督一职。他们是时代的先驱者、启

图 2.6　潘天寿

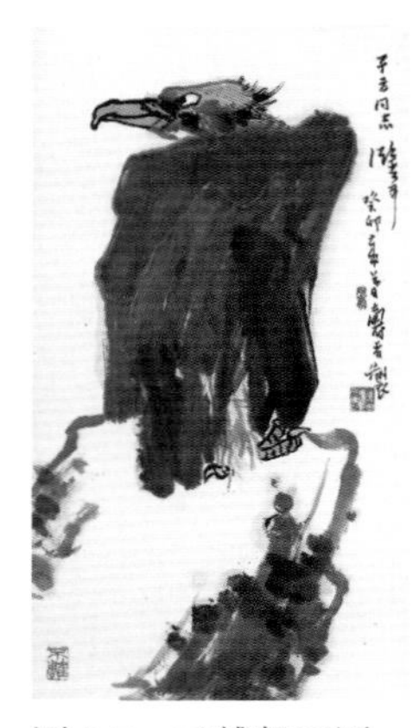

图 2.7　灵鹫磐石图

图 2.8　夏塘水牛图

图 2.9　柔石

图 2.10　为奴隶的母亲

蒙思想家和文学艺术家，对家乡的文化思想产生了深远的影响。

2.3.7　中华人民共和国

宁海县已跻身于浙江省 5A 级景区城之列，同时是“中国旅游日”的发祥地。在国家大力推进全域旅游的大背景下，如何更好地利用这一契机，进一步挖掘地方历史文化遗产，打造具有鲜明地域特征、独特民俗风情和浓郁人文气息的特色旅游产品，显得尤为重要。每年 5 月 19 日举办的中国徐霞客开游节（图 2.11），已成为当地备受瞩目的一项品牌节庆活动。宁海县深入挖掘传统文化，秉持融合保护与开发、传承与创新的理念，致力于打造独具特色的文化平台、品牌和载体，积极促进传统优势文化的创新、转化和发展，从而取得了一系列令人瞩目的成就。宁海县先后获评国家全域旅游示范区、全国文化先进县、中国古戏台文化之乡、中国婚嫁文化之乡、中国茶文化之乡、中华诗词之乡、中国古村落文化遗产研究基地、中国生态旅游百强县、全国十佳生态旅游城市、全国休闲农业与乡村旅游示范县、全国休闲标准化示范县、浙江省旅游经济强县、浙江省旅游发展十佳县等。

图 2.11　中国徐霞客开游节

2.4
社会经济

宁海县“七山二水一分田”的自然环境和特殊的地理位置，使得区域内的经济发展受到制约。人们要想发家致富，只能寄希望于海上贸易，于是开辟出一条又一条通向海外的商路。从唐代开始，海上丝绸之路便贯穿整个中国大陆。它不仅是陆路交通路线的延伸，更是连接海洋和陆地的桥梁和纽带，使沿海地区成为中外文化交流的重要通道之一。

宁海县拥有得天独厚的航运条件，水上交通非常发达。唐朝时，宁海县海上贸易已经形成一定规模。随着宋朝商贸经济的发展，海外贸易兴盛起来。宁海百姓积极开拓海上通商，与其他地区、国家的贸易往来日益频繁，促进了当地经济繁荣及对外贸易的发展，带动了地方文化、艺术的发展。南宋褚国秀在《宁海县赋》中对于宁海县的海上交通曾有这样的描述：“其海则停纳万流，宗长四渎，控直港于稽鄞，引大洋于温福。出乌崎、通鸭绿、晞日本、睇旸谷……”《宋史・日本传》记载：“随台州宁海商人郑仁德归其国。后数年，仁德还，奝然遣其弟子奉表来谢。”由此可见，自宋代开始就有宁海百姓从浙江沿海出发前往日本等地经商贸易。

明朝政府实行海禁，限制东南沿海与海外诸国之间的通商活动。为了追求更美好的生活，宁海百姓常常不惜冒险，他们从三门湾出海开展海上贸易活动，获得了丰厚的利润，推动了宁海经济的发展。清康熙时期取消海禁后，对外贸易达到了鼎盛，宁海经济有了较快的发展，进而促进了戏曲活动的兴盛。戏曲成为当时人们喜闻乐见的娱乐活动，于是人们热衷于在寺庙、宗祠以及街道旁建造戏台。随着时间的推移，戏台空间变得越来越多元化，戏台上的装饰变得更加考究，尤其是列入全国重点文物保护单位的宁海十大古戏台，个个都是古戏台建筑中的精品之作。它们不仅造型精美、结构严谨，而且色彩绚丽，极具艺术感染力，为我们提供了大量珍贵的资料，展现了明清时期我国礼制建筑的文化特色和建筑风格，对于我们深入研究中国古戏台建筑史具有极其重要的意义和价值。

2.5 民俗文化

民俗文化，作为一种文化现象，紧密联系着人们的日常生活、习惯、情感和信仰。民俗活动中蕴含着丰富的社会信息和人文内涵，是研究当地政治、经济、宗教以及民风民情的重要史料依据，更是我们认识区域历史地理、风土人情不可或缺的珍贵资料。

在漫长而曲折的历史进程中，宁海百姓形成了独具特色的民俗文化，其内容丰富多样，形式生动活泼，具有浓郁的乡土气息。这些多姿多彩的民俗文化不仅满足了当地百姓对于精神生活的追求，而且为经济的繁荣和社会的进步提供了强有力的支撑。宗族制度、庙会文化和民间信仰无不体现出该地区民众特有的价值观念和思维模式，这些与戏曲文化和古戏台建筑的形成和发展密不可分。

2.5.1 宗法制度

宗族是我国传统文化中一个极为重要的组成部分，它以特殊的方式维系着整个社会生活体系，并对当时社会产生重大而深远的影响。以血缘关系为纽带建立起来的宗族，“忠”“孝”一直贯穿整个宗族管理，而“忠”“孝”是儒家思想体系中最基本也是最核心的内容。宗族组织主要包括族谱、宗祠、族规、族产和族长制等，通过制定严格的管理制度来约束宗族成员，而宗祠是宗族实行道德教化的重要场所。

《礼记・王制》记载：“天子七庙，诸侯五庙，大夫三庙，士一庙。庶人祭于寝。”周朝产生的宗庙制度是封建统治者独有的祭祀方式和礼仪规范。自唐代以来，民间便出现了私自兴建宗祠的现象。南宋著名理学家朱熹的《家礼》首创“祠堂制度”，对后世影响很大，宗祠在全国各地广泛流传。明嘉靖时期，封建统治者容许民间联合建立宗祠，以加强皇权统治。从明朝晚期到清朝，宗族制度在民间逐渐成熟，几乎每个村都建宗祠祭祀祖先。浙东地区出现了“家必有谱，族必有祠”的现象，由此可见当地宗族意识的浓厚和宗族祭祀活动的频繁。

宗祠又称祠堂、祖祠、宗庙、祖厝等。宗祠是宗法制度的载体，是国家礼制规范下维持乡村社会秩序的核心力量之一。它象征着一个宗族的经济社会和政治地位，是凝聚整个宗族、维系人伦秩序、炫耀众里乡邻、提高族人自尊的资本。陈志华认为“一座村落实质就是一个宗法共同体，宗族组织管理运营着整个系统，维持着日常社会生活的正常运行。”

宗祠通常建在村落中最核心或风水最好的位置，并配以最华丽的外观，呈现民居围祠而居的组团格局。宗祠作为宗族信仰的重要表现形式，是祭祀祖先、传递亲情、延续门风、聚会议事之地，塑造并维系着家族文化认同与宗族秩序，对维护封建社会的伦理秩序具有重要的作用。为了满足宗族内日常祭祀和丧喜活动的需求，宗祠往往修建得比较高大壮观，以显示出宗族成员尊祖崇宗的意识和行为。各家族修建宗祠时，由于家族人丁和财力不同，宗祠形制、材质、装饰等元素表现出多样性，在一定程度上影响着建筑的整体风貌。但宗祠内的戏台因其形态优美、做工考究、装饰精美，成为整个建筑群的视觉中心。

宁海县由于独特的地理位置、复杂的人文环境以及相对封闭的自然条件，形成了以农耕为主的经济结构和文化习俗，由此衍生出丰富多彩的民间信仰，异彩纷呈的戏曲艺术。从宁海县现存的125座古戏台来看，它们曾是村落中最重要的政治、经济、文化、教育中心和娱乐休闲场所。

2.5.2 庙会活动

传统庙会产生于远古时期的宗庙社祭制度，后逐渐演变成民间风俗活动场所。《周礼·春官宗伯·大司乐》曰：“若乐六变，则天神皆降，可得而礼矣。”“若乐八变，则地示皆出，可得而礼矣。”说明祭祀仪式都要有歌舞、音乐伴奏或道具助兴，以表达对神灵及祖先的敬仰之情。在唐代，由于经济的繁荣，商贾贸易与民间娱乐逐渐加入庙会活动中来，使庙会成为庙市。庙会活动不仅为人们提供了丰富的娱乐活动，还促进了社会生活水平和商品经济的进一步发展。庙会的发展标志着其性质发生了根本性的转变，即由原来的单一祭祀场所转成了具有祭祀、娱乐、贸易、交流等多元化形态的场所。唐中期以后，随着社会分工的日益精细和生产专业化程度的加深，大量的手工业作坊和商业机构纷纷涌现，形成了一个较为完备的市场体系。这些行业都以各种不同的方式参与到庙会活动中去，从而使庙会更加兴盛。庙会活动从单纯的祭祀活动演变成具有广泛影响的民俗节庆活动，主要包含舞蹈、戏剧、巡游等内容，它不仅为民众提供了丰富的娱乐活动，同时也成为人们休闲娱乐的重要活动。庙会活动期间，寺庙附建的戏台是艺人们表演的主要场所。艺人们表演着各种喜闻乐见的传统节目，如戏曲、杂技、秧歌（图2.12）、舞狮（图2.13）等，深受当地百姓喜爱。以前宁海城隍庙举办庙会活动时，专业戏班日夜演戏，吸引了大批百姓前来观戏，盛况空前。这种盛况在明清时期达到顶峰，到民国时期逐渐衰落。

作为一种民间文化形态，庙会活动承载着传统农耕时代的文化信息。它反映了特定地域内人民的生产生活习俗、宗教信仰、价值观念和审美品位，因而具有很强的生命力。

图 2.12　秧歌

图 2.13　舞狮

2.5.3　民间信仰

民间信仰在人们日常生活中占据着十分重要的地位，它反映了人民群众的思想观念、风俗习惯及价值取向。随着我国历史文化的发展变化，不同时代、不同地域之间的民间信仰呈现出明显的差异。无论是内容还是形式，或是外在表现还是内涵都有很大差别，但都表现出世俗化倾向。这种倾向不仅表现在日常活动中，而且还体现在一些重大节日庆典和祭祀仪式上。

自然灾害和瘟疫的肆虐，给民众带来了巨大的危害，导致人们在面对这些灾难时常常流露出惶恐不安的情绪。为了寻求心理上的安慰与解脱，人们往往采取各种形式进行祈祷或祈求神明保佑，如自然崇拜、祖先崇拜、鬼神崇拜，以现实利益关系去想象神灵世界，以求获得心理满足和精神慰藉，从而形成了功利性极强的民间宗教信仰。“神”和“佛”在人们的生活中无所不在，民间信仰主要表现为寻求神灵明保佑、求医问药、求仙问道、祈愿五谷丰登、祈望长寿延年、祈愿财运亨通、祈求风调雨顺等一系列仪式活动，如图 2.14 所示。受地域条件及历史文化传统的制约，“神”和“佛”又具有各自独特的内涵。同时封建统治者为了维护统治地位，对普通民众进行思想控制与压迫，把民间信仰当作一种政治工具，从而使民间信仰成为其实现统治意图的重要手段之一。由此可见，民间信仰和民俗活动是深度融合的，二者互为补充，互相影响，共同促进了当地民俗文化的传承和发扬。

图 2.14　民间信仰

《中国戏曲志》综述记载：酬神戏是沿袭时间最长、流行最广、群众信奉最诚、演出规模最大、千百年来愈演愈烈、影响最为深远广大的习俗。宁海民间信仰历经发展和演变，逐渐成为一种具有强烈实用功能的祭祀活动，带有鲜明地域性。每逢祭神之际，人们便会载歌载舞表达对“神”和“佛”的虔诚膜拜，祈求平安。在众多的民间信仰活动形式中，乐班艺人的演出无疑是最具吸引力的。这些乐班不仅是当地民众日常娱乐生活不可或缺的组成部分，也是传承文化艺术、弘扬民族传统的重要力量。尤其自明清以来，随着商品经济的繁荣以及人口流动频繁，社会上出现了许多专业戏班及相应的演职人员，使得各地都有自己的剧团。宁海古戏台建筑群的发展离不开以宁海平调为代表的地方戏曲的繁荣。随之而来的是大批戏台的建设，庙宇戏台、祠堂戏台、市井戏台等迅速发展起来。

2.6
戏曲文化

历史上的宁海依托传统农业，创造了丰富多彩、特色鲜明的民俗文化，内容涉及饮食习俗、婚丧嫁娶、戏曲文化等方面。到了宋代，伴随着全国经济重心逐渐向南转移，浙江温州地区产生了南戏，后来又经历了不断的发展和演变，余姚腔、新昌调腔应运而生，这些戏曲调腔成为宁海平调形成的基础。

宁海平调以其独特的音乐风格和优美动听的曲调，在表演中注重声音和情感的完美融合，呈现出浓郁的乡土风情和生活气息，在我国传统戏曲中独树一帜，深受广大民众的喜爱和追捧。宁海平调的主要特点是一唱众帮、锣鼓助节、不托管弦，其帮腔有混帮、清帮、全句帮、片断帮、一字帮等多种形式。南戏的奠基人高明与宁海平调似乎有着一种神秘而难以言喻的联系。高明，字则诚，元末明初温州瑞安人，被后人称为“南戏之祖”，他创作的《琵琶记》可与王实甫的《西厢记》媲美。王国维的《宋元戏曲史》书中写到“则诚旅寓栎社沈氏，以词曲自娱”“明太祖闻其名召之，以老病辞归，卒于宁海”。宁海平调戏班最早出现的地方位于宁海县西店镇璜溪口，而璜溪口和高则诚“卒于宁海”的樟树高家村仅距三公里，这正是他们之间最直接的联系。明清时期，随着经济、政治、文化交流的加强，各地出现了许多民间乐班。为了满足社会发展的需求，这些乐班艺人以本地剧种为基础，吸纳了外来剧种的艺术精华，并结合当地戏曲的特点进行了创新，最终形成了宁海独具特色的戏曲文化。

宁海平调以宁海县为中心，流行于象山、黄岩、温岭、临海、仙居、天台、奉化等县市。它的形成与发展经历了一个漫长而曲折的过程。早期的宁海平调表演者以兴趣爱好为主，组织乐班在各类节庆活动中表演。到了清中期，宁海平调逐渐成熟，出现了职业乐班。清朝至民国时期，宁海主要有冠庄潘紫云乐班、义门邬其静乐班、南门杨玉佩乐班、梅支田田启仁乐班等，可见当时宁海平调的兴盛。宁海平调流传下来上百部的传统剧目，主要有《小金钱》《金牛岭》《潞安洲》《天门阵》《百花赠剑》《贵妃醉酒》等。这些剧目的剧情基本保留着元明时期南戏的遗风，以家庭伦理戏为主，教化色彩浓厚，其中一些剧目取材于民间传说、历史故事以及其他民间俗曲等。2006 年 5 月 20 日，宁海平调经中华人民共和国国务院批准列入第一批国家级非物质文化遗产名录。

宁海平调的“耍牙”绝技与川剧中的“变脸”齐名，并称为“东牙西脸”。清道光年间的杨景岳自创了独门表演绝技“耍牙”，并运用到《小金钱》剧目的独角龙表演之中，以其强烈的艺术夸张形式来烘托独角龙妖魔化的野性美，如图 2.15 所示。“耍牙”成为宁海平调艺术的一大特色。表演时耍牙艺人口含四颗、八颗甚至十颗野猪獠牙（图 2.16），在口内时而快速弹吐、时而刺进鼻孔、时而上下左右歙动，或有两颗牙刺出鼻孔，尤其是有两颗牙始终藏于口内，仍要唱、念、做、打，来刻画所扮演的角色，野性又不乏灵动之美。

图 2.15　宁海平调独角龙表演

图 2.16　“耍牙”绝技

现存的宁海古戏台数量众多，其以精美华丽的造型、精巧的结构，成为研究我国古代民间戏曲的珍贵资料。受宁海地区传统风俗文化影响，地方戏曲已经渗透到了普通民众的社会生活中，成为了一种不可或缺的文化元素。当地百姓热衷于搭台赏戏，或在祠堂、庙宇，或在街巷、空地。无论是迎春过节还是红白喜事都会搭台赏戏。戏曲艺术的繁荣促进了戏台的发展，同时为人们提供了丰富的娱乐方式和精神享受。戏曲表现既讲究形式，又讲究内容，更重视演出效果。因此作为重要的戏曲表现形式，戏台在戏曲史上有着不可替代的作用。

2.7
五匠文化

2.7.1 五匠之乡

宁海县是著名的“五匠之乡”，在历史上曾经出现过数量庞大、亦工亦农的工匠群体。“五匠”主要是指各行各业的手工匠人，如铁匠、木匠、泥水匠、石匠、油漆匠。他们不仅要掌握熟练的技术和精湛的手艺，还要懂得一些与社会生活相关的知识。古代工匠一般都是师徒制，代代相传，以父子、兄弟、亲眷之间的相互传习为主。在这一过程中，师徒制形成了一种特定的传承关系，既有血缘亲情，又有家族特征。元明至清初，宁海的工匠并不多，没有形成系统的手工业作坊体系。到清晚期，由于人口的不断增加，人多地少的矛盾日益凸显，因此宁海各行各业的工匠数量日益增多。宁海“五匠”技艺远近闻名，其中不乏行家里手，他们精湛的工艺和独特的艺术成就得到世人的认可。在前童民俗博物馆里，陈列着以“五匠文化”为主题的系列展示，如图 2.17 所示，丰富的实物、图文结合的现场展示让人感受到宁海传统民间手工艺的深厚底蕴。在博物馆内的展品，不仅有匠心独运的杰作，还有传承着匠人精神的故事，每个故事都蕴含着工匠对于生活的热爱，以及对于手艺的执着追求和不懈坚持。

图 2.17　前童民俗博物馆“五匠文化”展示

今天的宁海就有着这么一批手工艺人。在这个崇尚匠心与创新的年代，在这个充满挑战和机遇的当下，这些手工艺人传承和弘扬先辈留存下来的艺术精华，专注于各自的领域，用行动践行初心使命，在各自的岗位上诠释着工匠精神。以国家级非物质文化遗产代表性项目泥金彩漆传承人黄才良为代表的现代工匠们来自不同的行业，有不同的年龄层次，用各自的双手创造了一件件精彩的作品，如图 2.18 所示。他们就是“缑城工匠”，用精湛的手艺守护着宁海这座千年古城。

图 2.18　国家级非物质文化遗产代表性项目泥金彩漆传承人黄才良及其作品

2.7.2　匠人精神

宁海古戏台建筑以传统木结构为主，尤其是藻井，堪称一绝，因此营造时木匠起主要作用。木匠分为三类，营造房屋的工匠叫做大木匠，制作家具的工匠被称为小木匠，箍桶做盆的工匠叫圆木匠。做藻井的工匠算得上是大木匠里的佼佼者，宁海当地称为“大木老司”。省级宁海传统戏台营造技艺传承人王世春（图 2.19）是当地有名的“大木老司”，他尤其擅长做戏台顶部的“藻井”，人称“藻井王”，并带出了章小忠、张绍虎等十多个高徒。他曾参与中央电视台第十套节目《探索 · 发现》栏目的拍摄，向观众展示了藻井制作的绝技。中央电视台科教纪录片《手艺》栏目以他为主角，拍摄了“手艺”系列之《戏台藻井》，让更多的人认识到这门古老神奇的技艺，为宁海工匠赢得了荣誉。“大木老司”王世春凭借着高超的手艺，带着团队修复了一座座古戏台的藻井，如图 2.20 所示。他认为

图 2.19　“大木老司”王世春

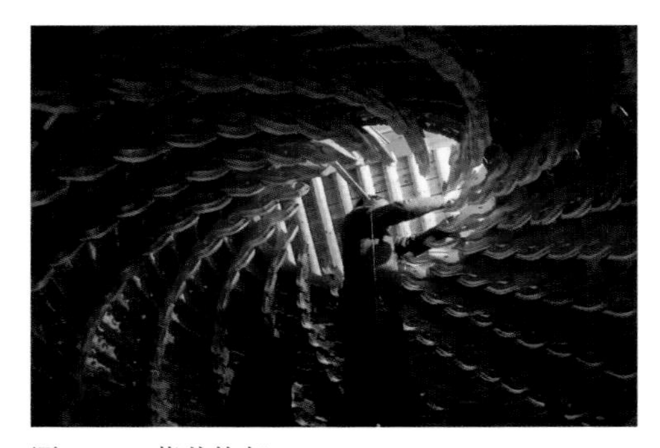

图 2.20　藻井修复

“修旧如旧是修复古建筑的基本原则，只要有可能，就要最大限度地保留老料和老构件的原貌”。保留传统建筑的原真性，对当今的古建筑保护有着重要的意义。他主持修建的戏台藻井，造型优美，纹饰精美，榫卯和斗拱叠置，旋转收缩到顶部。在戏台营造设计上，他采用传统、独特的“照篾技术”，将戏台全部的结构都分解、绘制在一片片的竹篾上。帮工师傅们按照竹篾上的图示完成取材、画墨、雕凿、成型等一系列工序，最终将所有构件有机地结合在一起，形成了一个完整的戏台藻井。

宁海传统戏台营造技艺代表性传承人葛招龙历时五年，倾心打造出具有地域特色的古戏台——《人生・戏台》，如图 2.21、图 2.22 所示。葛招龙凭借这座戏台于 2021 年摘得第十五届中国民间文艺山花奖的优秀民间工艺美术作品奖。《人生・戏台》面宽 3.2 米，进深 3.2 米，台面距地面 0.6 米，营造形制和斗拱结构均融合了宁海众多古戏台的特点，甄选当地香樟木、乌桕木等五大木材营造而成，如图 2.23 所示。《人生・戏台》木筑构件与采用浮雕、圆雕、透雕等工艺的木雕件均是纯手工制作。戏台作品为四边翘角歇山式，台柱上下两头小、腹部大，呈鼓状，额枋三层如意网格拱承托着沉重的藻井，螺旋藻井由 16 行、16 层龙凤昂层层堆叠，自右向左盘旋而上，昂与昂之间由升斗和透雕花板连接，每个

图 2.21　宁海传统戏台营造技艺代表性传承人—葛招龙

图 2.22　葛招龙作品《人生・戏台》

图 2.23　《人生・戏台》细部

昂身外挂 1 个如意小拱，形似龙爪凤翅，龙凤尾归于明镜（俗称盘龙顶）。葛招龙从采风到设计，从构件制作到整体搭建，再到改进、完善，前前后后花费近 4000 工时才完成这个作品。《人生・戏台》的原型就是全国重点文物保护单位的宁海城隍庙古戏台。宁海城隍庙古戏台是宁海古戏台建筑群中最华丽的部分，飞檐翘角、穹窿藻井、遍施彩绘、精雕细刻。葛招龙认为古戏台是“老祖宗的遗产，一定要守护好”。这些年来，他的团队先后在宁海及周边县市主持修缮了 20 多座古戏台，让它们继续绽放光彩。

另有从艺近 50 年的宁波“泥金彩漆”国家级非遗传承人黄才良，前童镇木雕“大老师”童帝寿、童帝新等优秀匠人。这些“缑城工匠”身上体现了匠人精神，诠释着对匠心的理解与感悟，也彰显出工匠精神在当地文化建设中所发挥的重要作用。当地县政府坚持把加强非遗资源保护、挖掘、整理工作放在更加突出的位置，给予传统手工行业大力支持，让他们在传承发展中焕发新活力，创造出更大价值。同时，通过政策扶持和项目引导，将传统工艺更好地融入现代产业体系之中，实现手工艺的创造性转化和创新性发展。

2.8 历史演进

在戏台正式形成之前，戏曲演出场所是没有固定化、专门化、建筑化的。戏台经历了从无到有，由临时到固定，由孕育走向成熟的演变过程。纵观戏剧的发展史，戏台不仅具有功能性作用，而且还具有审美性和象征性作用。戏台艺术则主要以其特有的方式对人的感官进行刺激和控制，使观众产生强烈的情感共鸣，从而获得精神享受。在建筑上表现为一种空间感，也就是把人在具体时空环境中的心理状态和行为模式，以某种形式表达出来。戏台一旦脱离戏曲表演活动，其空间功能属性也将不复存在，戏台也因此丧失了意义和价值。由此可见，戏台与戏曲相辅相成，互为依托。

2.8.1 宁海古戏台的起源

秦朝时期，表演场所具有随意性、临时性等特征，常见于户外表演活动中，这一时期没有固定的剧场建筑。西汉时期，随着戏曲的不断发展，戏曲演出实现了由室外空间到室内空间的转换。通过对明崇祯《宁海县志》、清光绪《宁海县志》进行查证，宁海戏曲和古戏台在那个时期内无相关记载。关于地方传统戏曲与最早古戏台是何时诞生的，它的演变是怎样的，由于目前的遗留实物与史料匮乏，有待今后进一步考证。

宁海观戏之风，古已有之，从宋元时期一直延续到明清时期。据清光绪《宁海县志·风俗篇》记载："自宋以降元霄燔桑柴，谓之婵址界，寺庙里结彩张灯、演剧敬神至二十乃止。"这说明宁海民间戏曲活动的风气早在宋代就形成了。商业经济的发展和繁荣，让宁海民间艺人能够有一个固定的演出场所，相互交流，相互竞争，这些对戏曲及戏台的产生与发展具有重要的意义。宁海的戏曲活动之多，在其他地区是少有的。正月间演的叫"正戏"，也就是正月十三至二十期间表演的戏；"夏戏"在七月中旬演出，主要是为祈求风调雨顺、再获丰收演的戏；"重阳戏"在九月初九表演；还有秋收之后的"冬戏"，以及临时性的"祝寿戏""开光戏"等。这一切都要请戏班到村子里去表演，演员可在祠堂戏台、庙宇戏台上表演，还可自搭草台演出，有的甚至一天就会上演一两出大戏。戏班出现的时候，成为村庄最热闹的时刻。因此无论是庙会活动、村落庆典，还是民间祭祀仪式，都会演戏。

2.8.2 宁海古戏台的发展

明初期的封建统治者为了巩固政权厉行专制，提倡伦理纲常，制定严厉的法令和政策，作为传统文化形式之一的戏剧艺术则受到严重阻碍。《御制大明律》规定："凡乐人搬做杂剧戏文，不许妆扮历代帝王后妃、忠臣烈士、先圣先贤神像，违者杖一百……其神仙道扮及义夫节妇、孝子顺孙劝人为善者，不在禁限。"因此这些法令在很大程度上限制着戏曲活动的开展，戏台建设也停滞不前。明中期以后，由于经济的发展，戏曲得到了一定程度的复苏和发展，并逐渐兴盛起来。

宁海古戏台大多数依附于祠庙建筑（即宗祠和庙宇）。无论是婚丧嫁娶，还是敬神祭祖，百姓们纷纷请来戏班演出。戏曲的兴盛极大推动了戏台建筑的发展。为了彰显宗族实力与地位，宗族成员往往会不惜一切代价修建宗祠，所以宗祠是当地规模最宏大、装饰最华丽的建筑。有些较大的宗族，不仅建有总宗祠，每个房派还建有支祠。但戏台一般建在总宗祠，支祠由于规模较小，不设戏台。宁海前童古镇建有一座前童大祠堂和伊思祠、司牧祠、追远祠、永思祠、著存祠等 32 座支祠，可见当地祭祀活动的频繁。

从宁海现存古戏台类型分析，宗祠戏台共 110 座，占 88%。由此可见宗祠建筑的数量之多，反映出了古代社会对戏曲艺术的重视以及民间戏曲活动的活跃。这些古戏台屋顶飞檐翘角，木构架雕梁画栋，藻井精美华丽，可见宁海古戏台在明清时期已经发展到较高水平。

2.8.3 宁海古戏台的衰落

清末民初的中国，内外交困，社会动荡不安，频繁的战乱更是民不聊生。受财力、物力、人力等方面的影响，宁海这一时期修建的戏台不论在建筑规模、建筑材料还是在营造技艺等方面，都无法和明清鼎盛时期的古戏台相比。随着经济萧条和社会动荡，宁海戏曲表演失去往日繁华，许多民间艺人纷纷逃离家乡，到外地谋生。部分戏班为了生存不得不从事其他行业，部分传统剧目逐渐淡出了观众的视线，这对地方戏曲产生了很大的影响。同时由于战乱，许多古戏台被战火烧毁，古戏台的质量和数量都大幅度下降。

2.8.4 1949 年后宁海古戏台的保护

1949 年以后，宁海政府非常重视推动地方戏曲艺术的繁荣，传统戏剧活动得到了不同程度的复兴与发展。当地成立了宁海平调越剧团，在最兴盛的时候，剧团演职人员达 70 多人，挖掘排练了《孔雀袍》《汴京》《双龙锁》《北湖州》等传统戏曲剧目。这些演出活动不仅促进了当地文化建设，而且带动了群众文艺活动。宁海平调和其他传统戏曲在后期受到了政治和经济诸多因素的影响，戏曲活动停止。至此，戏曲表演的空间载体——古戏台渐渐淡出了民众的精神生活。大批古戏台受到了不同程度的损毁，反而在较偏僻的乡村保留了大量精美的古戏台。如马岙村俞氏宗祠古戏台、龙宫村陈氏宗祠古戏台、清潭村双枝庙古戏台、大蔡村胡氏宗祠古戏台四处国家级文物保护单位，由于地理位置相对偏僻、交通不便，至今都保存完好。

改革开放后，随着时代的变迁和媒体技术的进步，戏曲艺术受到前所未有的冲击。随着电视传媒技术和网络传播手段的发展与普及，人们对戏曲的欣赏方式已经发生了很大改变，致使戏台作为一种媒介传播平台逐渐淡出历史舞台。目前，中老年观众还表达着对传统戏曲的热爱，年轻观众则更多地借助电子屏幕来接触传统戏曲文化。

古戏台不仅是我国重要的传统建筑，也是中国传统戏曲艺术的重要媒介，见证着戏曲的诞生和发展。戏台的演戏功能已逐渐消失，如何保护这些珍贵的古戏台建筑群，使其能够更好地传承与发展是值得我们深思的问题。

近年来，在各级政府及有关部门大力支持下，宁海当地政府和百姓积极参与古戏台保护工作。2010 年，宁海县荣获“古戏台文化之乡”的称号，这标志着宁海县古戏台保护工作已进入一个崭新阶段。2017 年，宁海古戏台营造技艺被列入浙江省非物质文化遗产项目名录。通过对宁海古戏台建筑群的现状调研发现目前古戏台建筑大部分空置，部分已活化利用改为文化礼堂或老年活动中心，部分已经修缮一新。

2.8.5 宁海古戏台的研究

近年来，随着国家对文化遗产的高度重视，学者们开始重视古戏台的系统整理与研究，由此产生了一系列的研究成果。陈志华、李秋香编著的《宗祠》是在十五年乡土建筑的调查基础上，按专题编写而成，书中登载了宁海古戏台的精美照片和文字介绍。徐培良、应可军编著的《宁海古戏台》一书，以民俗学为视角，对国家级文物保护单位的十座古戏台进行详细描述和剖析，拍摄了大量有价值的图像资料，就古戏台文化建构、艺术价值等做了较深入的探讨。“宁海古戏台图片展”“一个摄影家眼中的宁海古戏台”等展览，《宁海古戏台的保护研究与探索》《宁海古戏台的建筑风格和工艺特色》等文章都是徐培良对宁海古戏台的研究成果。周航编著的《宁海古戏台建筑群研究》一书，从独特的“古戏台建筑群”角度入手，通过建筑测绘、走访调研、对比分析等科学研究方法，深入探讨了浙东地区古戏台建筑群背后所包含的地方文化特征。宁海县人民政府编撰的《中国古戏台之乡－中国古戏台研究中心申报书》侧重于古戏台原始资料的收集整理，更多地关注其历史价值、艺术审美。杨古城、周东旭编著的《浙东古戏台》中对宁海古戏台做了一定研究，为深入研究宁海古戏台提供了大量的资料，具有很高的学术价值和实践意义。宁海县第三次全国文物普查成果选编《缑乡古韵》，记录了近 30 座古戏台建筑。2016 年宁海县人民政府编制的《宁海古戏台保护规划》被国家文物局审批通过，为古戏台保护提供切实可行的依据。中央电视台第十套节目的《探索·发现》栏目特别摄制了宁海古戏台的营造技艺，播出后在全国产生了强烈的反响。

但就目前的研究成果来看，对宁海古戏台的关注者较少，研究方向较单一，现有的成果大多从戏曲和民俗的角度出发。缺乏从历史背景、自然环境、社会经济、思想文化、戏曲剧种、空间形态、装饰艺术、选址布局、营造技艺等方面对古戏台的历史发展脉络进行全面梳理，缺乏对其建筑形制和营造技艺进行系统剖析，尤其缺乏对古戏台的系统性研究与数字化保护。

第3章

宁海古戏台建筑群的地域分布及分类

3.1 乡村聚落与宁海古戏台建筑群的关系

3.1.1 乡村聚落

人类为了满足生产和生活的需求，在特定的地点建立一个相对独立的、由人工营造的环境组成的集合体，这个集合体被称为聚落。《史记·五帝本纪》记载：“一年而所居成聚，二年成邑，三年成都。”这是我国历史上最早关于城市及聚落起源的记载，“聚”就是村落。左大康主编的《现代地理学辞典》中，将“聚落”定义为“人类为了生产和生活的需要而集聚定居的各种形式的居住场所。包括房屋建筑的集合体，以及与居住直接有关的其他生活设施和生产设施”。聚落的形成和发展除了受到气候、地形、地貌、水文、地质等自然环境因素的制约，同时受到人口规模、历史文化传统、生产方式和宗教信仰等人为因素的制约。这些因素既相互联系又相互影响，共同构成了聚落的整体功能。

聚落形态是指聚落在不同环境条件下呈现出的平面形态和结构组织形式，反映了聚落与环境的紧密联系。聚落形态在某种意义上可视为地理环境作用于居民生活方式和行为模式的反映。聚落形态最初属于人文地理学的范畴，主要应用于考古学领域。后来聚落形态逐渐拓展至地理、建筑、规划、社会经济等多个领域。

由于我国幅员辽阔，地形复杂，导致各地拥有独特的地理和人文条件，从而形成了多样化的乡村聚落形态。在对乡村聚落进行研究时需要将其置于特定地域背景中去观察，这样才能更好地理解其成因及意义。在乡村聚落的形成和发展过程中，内外因素相互作用，从而形成了不同形态的村落格局。由道路、广场、街巷等元素构成的外部表现形态是乡村聚落的主要景观要素，历史文化在空间上的构成关系则是形态变化的基础与前提，它们共同决定着村落的空间布局及风貌特色。乡村聚落形态的研究聚焦于村落的物质空间特征，包括对周边环境、边界、街巷结构以及建筑布局等方面。

乡村聚落由于规模较小且未经过规划，呈现出自然、多元的空间形态。从宏观视角来看，区域地貌对聚落形态产生了显著的影响。从微观的视角来看，其内部的组成要素以及它们之间的组合关系存在着显著的差异。不同地区的传统文化也会对乡村聚落形态产生影响，从而使乡村聚落呈现出多样化的特征。总之，乡村聚落的形态、发展和衰亡都受到多种因素的共同影响，其中一些主导因素与其他多种因素相互作用，共同塑造了乡村聚落的面貌。

3.1.2 乡村聚落形态的影响因素

1. 自然环境资源

传统农业为人类的耕作、生活、生产提供了必要的物质基础，而乡村聚落对农业和耕地的依赖程度极高。在选择适宜的生存环境时，人类常常会在靠近农田和水系的区域形成聚落。有些乡村聚落呈紧密的团状结构，有些乡村聚落呈狭长的带状结构，有些乡村聚落呈放射状结构，但总体而言，它们都是依山而建，傍水而居，农田环绕。位于深甽镇的柘坑戴村就是一个典型的乡村聚落，如图 3.1 所示。不同类型的乡村聚落往往有着各自独特的空间格局与布局方式，这些特殊的自然环境造就了不同类型的乡村人居环境。以自然条件为主要因素所构成的聚落形态具有一定的历史延续性和稳定性，它的发展变化遵循特定时期内社会经济文化发展的水平。在建筑组合及乡村聚落肌理形成的过程中，由于土地资源的稀缺，通常会在山脚或山腰根据地形进行空间布局，并运用当地的材料营造出具有地域特色的传统建筑形式。

图 3.1　深甽镇柘坑戴村航拍照

2. 经济技术条件

在传统农耕社会，乡村聚落的经济模式通常呈现出内向型、自给自足的特征，表现为封闭、缺乏流通的状态。乡村聚落的基本单元是以血缘为主线，以农业生产为经济来源，以农田为主要生产空间的家庭制社会结构。由于生产和生活需要，不论是单体建筑还是合院建筑，都要设置方便晾晒和储存谷物的空间。尽管在农耕时期，营造技术并未达到很高的水平，但工匠秉承着尽可能减少对生态环境破坏的理念，创造出了独具特色的中国传统建筑。中国传统建筑表现出极佳的适应性和生命力，乡村聚落和传统建筑的营造贯穿着道法自然的哲学思想，彰显了人类与自然和谐共生的生态理念。我国的传统乡村聚落是在自然环境中逐渐演变而来的，它以农业经济为基础，以农村社会生产生活方式为主要支撑，同时融入了大量的民俗风情。

3. 历史文化传统

传统乡村聚落常常以血缘和地缘为纽带，从而在空间上进行扩张，以适应不断变化的社会和文化环境。在传统乡村聚落中，宗族关系是一种根深蒂固的社会关系，扮演着至关重要的角色，是人类社会中不可或缺的组成部分。宗族组织不仅影响着村民的日常生活，还对当地的政治、经济、文化等方面产生重要作用。乡村聚落的空间形态也呈现出明显的封闭性特征，尤其是单个姓氏的村落具有较强的集聚性，形成以宗祠为核心的聚落形态。

图 3.2　前童大祠堂航拍照

以前童古镇为代表的乡村聚落形态就是一个典型的例子。通过血缘关系建立起来的童氏宗族使聚落内各个群体之间联系紧密，他们因共同的血缘、信仰和生活习惯，表现出以前童大祠堂为核心的团状聚落形态，由此产生了强大的凝聚力。前童大祠堂（图 3.2）内的古戏台是以前童氏宗族演戏酬神的场所。现如今，随着前童古镇创建国家 5A 级景区，其已成为展示宁海传统文化的重要窗口，也成为游客休闲娱乐体验的好去处。戏台上经常上演着宁海平调、前童舞狮传统节目，游客既能观赏到精彩演出，又可参与互动，充分感受宁海县深厚的民俗文化魅力。天井、厢楼、正殿俨然成为绝佳的观演空间，让人身临其境地感受传统风俗和建筑特色。聚落选址和建筑营造受到风水文化的影响，强调整体布局与自然环境的有机融合，注重最大限度地利用自然条件，以达成创造完美环境的目标。

3.1.3　乡村聚落形态的分类

乡村聚落形成过程受到多种复杂因素的影响，边界形态呈现出多样化的特征。经过对宁海古戏台建筑群所在的 120 个乡村实地调查研究发现，主要的乡村聚落形态特征表现为团状形态、带状形态及放射状形态（也称指状形态）。

1. 团状聚落形态

团状聚落呈同心圆形、椭圆形、方形等，并向外延展，是地势平坦、开阔的地方较常见的聚落形态。在乡村聚落的生长和发展过程中，它们所处的地理位置和所在地区常常受到一定程度的限制，从而导致村落整体平面形态呈现出相对密集的团状特征。团状聚落不仅为农业生产活动的展开提供了有利条件，同时也为人们的生存环境提供了优越的条件。

宁海古戏台所在的上园村、集义村、山头村等村落呈现出“上风”“得水”的理想聚落格局环境，完美契合管子“高勿近旱，而水用足；下勿近水，而沟防省。因天材，就地利”的传统居住建筑营建智慧。强蛟镇薛岙村、深甽镇马岙村的聚落形态呈现出紧密的团状结构，表现出一种紧凑有序的生活秩序与空间氛围，同时在规划理念上以生态人居为主线进行布局，如图 3.3、图 3.4 所示。

图 3.3　强蛟镇薛岙村航拍照

图 3.4　深甽镇马岙村航拍照

2. 带状聚落形态

带状聚落形态一般尽量靠近水源，尤其是方便清洁的生活用水水源，因此传统乡村聚落通常沿着河流溪岸和湖泊四周分布，形成带状的乡村聚落形态，也是一幅幅小桥流水人家的美景。山地等高线之间的狭长地带、主要交通道路两旁，也常见带状聚落形态的村落。带状聚落形态所呈现的并非仅仅是河流、山谷弯曲变化的特征，更是人类活动对自然水系格局及水文条件的真实依赖，同时呈现出不同类型的乡村聚落分布与地形坡度之间的规律性关系，这种规律可以通过水系的走向来体现。带状聚落形态的村落具有较强的稳定性、连续性以及方向性等多重属性。

由于受到山体、河流和耕地的影响，深甽镇赤岙村、马岙村，梅林街道兰丁村、五松坑村等乡村聚落的村域建设用地在地形上呈现出单轴方向延伸的带状分布，有些乡村聚落紧密，有些乡村聚落则较为松散。强胶镇加爵林村西侧为蜿蜒曲折的海岸线及滩涂景观，东侧为郁郁葱葱的山林，形成了东高西低的自然村落形态，如图 3.5 所示。村庄内的建筑规划主要受到水系、岸线、山体等自然要素的影响。大部分建筑依山势而建，部分建筑采用了垂直于等高线的布局方式。宗祠建筑常位于村落中心，周围都是三合院或四合院的传统民居。

梅林街道兰丁村则由一条主干道贯穿全村，承担着村内外交通的重要职责，宗祠位于主干道一侧，如图 3.6 所示。

图 3.5　强蛟镇加爵林村航拍照

图 3.6　梅林街道兰丁村航拍照

3. 放射状聚落形态

放射状聚落形态也称为指状聚落形态，它是村落空间形态达到一定尺度后的必然趋势。这个多维度的综合体系是由自然条件、历史文化传统、人口结构、社会经济状况和建筑风貌等多个方面的因素相互交织而成的。在特定时期内，由于人类活动影响范围扩大而导致不同地区出现了放射状聚落形态。这类村庄往往规模较大，具有明显的聚集性或辐射力。这种放射状聚落形态与村落自身的功能及发展需求相适应。在村落的实际生长过程中，边界形态所受到的控制性因素呈现出多样性和复杂性，其形成机制也是千差万别，最终呈现出类似于手掌或树枝的形态。强蛟镇的岙胡村、集义村、大蔡村（图 3.7）等村庄由于人口多、地势平坦开阔，呈现出放射状乡村聚落形态，宗祠一般位于村中心。

图 3.7　强蛟镇大蔡村航拍照

从功能的角度来说，团状形态的聚落有利于防御需求，便于组织生产活动，对于公共建筑和资源的辐射半径更加均衡，同时能够形成良好的公共交往场所，促进村民之间的互动交流与融合。带状与放射状的聚落由于内部布局相对复杂且易受周围自然条件的影响，常以山体、溪流和水岸线为界，宗祠和其他公共建筑的分布相对灵活，因此附设古戏台的祠庙建筑作为乡村聚落中重要的礼制建筑，对于乡村聚落的形态具有特殊的作用和意义。

3.2 中国历史文化名村——宁海龙宫村

以宁海古戏台建筑群所在传统村落为研究范围，选取最具有代表性的深甽镇龙宫村作为主要研究对象，通过实地调研，从地理、建筑、规划、社会经济等方面解析聚落形态、建筑肌理、祠堂选址和布局、民居院落等方面的特征，进一步阐述祠庙建筑与乡村聚落的关系。

3.2.1　自然条件

龙宫村位于宁海县西北部的深甽镇，距宁海中心城区 36 千米，海拔 253 米，如

图 3.8　深甽镇龙宫村区位图

图 3.8 所示。村域属天台山脉中段，东南部的冰岩岗海拔 710.5 米，西部与马岙村第一尖及大虎尖相连，多高山，仅东部的山脉较低，海拔约 300 米。龙宫村的主要溪流有发源于第一尖的龙宫溪，沿村西部边缘南入西溪，是西溪的上游。龙宫村虽然地处深山，却历来是交通要道，古有汉代石砌驿道连通宁海与新昌，今有省道象西线（S38）穿村而过。

龙宫村年平均气温 14.5℃，平均降水量 1700 毫米，属亚热带季风湿润气候区。土壤以红壤土为主，气候湿润，四季分明。村外山地上植被茂盛，主要以亚热带常绿阔叶林为主。

2003 年育英书院被列入县级文物保护单位。2006 年龙宫村陈氏宗祠古戏台被国务院公布为第六批全国重点文物保护单位。2012 年陈氏支祠、龙溪桥、庆澜桥被列入县级文物保护单位。2014 年龙宫村被住房和城乡建设部、国家文物局公布为中国历史文化名村。

3.2.2　历史沿革

龙宫村原称龙溪村，原先居住杨、庞两姓，现两姓已无。据《龙宫陈氏宗谱》（图 3.9）记载，陈姓始于陈仲良（公元 1091—1153 年），北宋宣和年间（公元 1119—1125 年），他由新昌平湖迁居龙溪。从那时起，陈氏族人就在这里繁衍，发展到现在，龙溪村已经是一个有着 900 多年历史的古老村庄。

清光绪《宁海县志·龙潭》记载：“龙宫屿窦在石壁下，世传龙于此出入，其辗转挨擦处有痕，下为大湫，不知源所从来，窦水泻下，喷激如飞练，崖上有‘石龙窦’三字。”潭称龙潭，因此水潭所在之溪称为龙溪，所在的村庄称为龙溪村。后因石龙窦怪石峥嵘，呈宫殿状，明正统十三年（公元 1448 年）改龙溪为龙宫溪，村庄也改称龙宫村，并沿用至今。2006 年全县行政村规模调整，目前龙宫行政村由龙宫、俞山两个自然村合并而成。

图 3.9　龙宫陈氏宗谱

3.2.3 文化景观价值

1. 浙东山地村落的代表

龙宫村聚落形态略呈长方形，坐东北朝西南。四周群峰环抱，近处梯田环绕，龙宫溪、樵坑溪、前树潭坑溪穿村而过，如图 3.10 所示。村内有七条街巷，三纵四横，多以丁字形交汇，S38 省道穿村而过。其中陈祠路、书院路、樵坑路为村内主要街道，小巷幽深，纵横交错，如图 3.11 所示。明清古建筑依山而建，呈西北高东南低之势，主要分布在陈祠路和樵坑路的两侧，多为三合院、四合院，如图 3.12 所示。

晋代郭璞在《葬经》中所书："葬者，乘生气也。""气乘风则散，界水则止。古人聚之使不散，行之使有止，故谓之风水。"由此可见，风水学是一门研究人与自然相互关系和空间配置规律的学问。龙宫村所处的位置刚好是一块高山盆地，四周有五座高山环绕，青山峡谷间有十八支清泉从四面汇成三股溪流流入村庄，这与"山水环抱""围而不塞""藏风得水"的风水理念不谋而合，可以精要地归为"觅龙""察砂""观水""点穴""择向"的风水格局，如图 3.13 所示。

图 3.10 深甽镇龙宫村航拍照

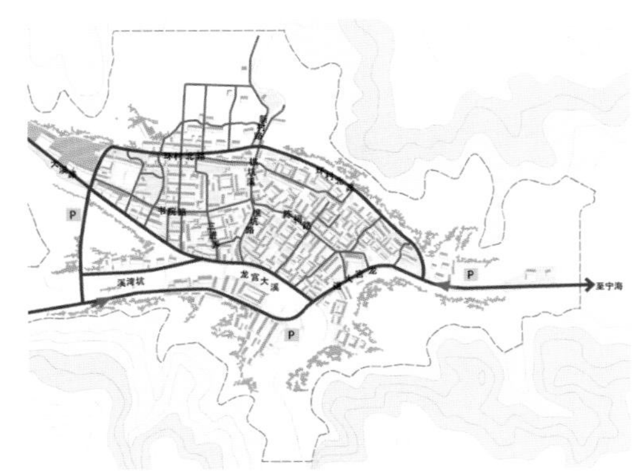

图 3.11 龙宫村道路

图 3.12 龙宫村明清古建筑

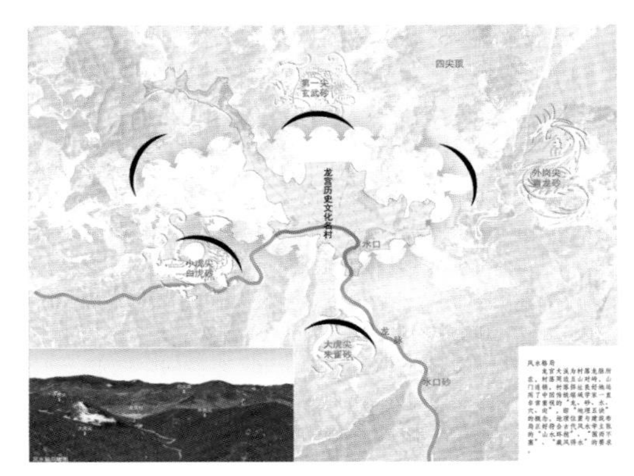

图 3.13 龙宫村风水格局

2. 乡土建筑形态多样化

龙宫村的传统风貌是由自然环境、建筑群以及各种人工构筑物共同构筑而成的，包括宗祠、寺庙、书院、民居等，翔实而全面地记录了龙宫村的历史发展轨迹和社会经济生活，为研究传统村落提供了珍贵的实物资料。

1）传统民居

龙宫村由于地处山区，交通不便，经济落后。因此，在传统民居的营造过程中，常常会采用当地的建筑材料。茅屋所采用的结构框架为木竹，盖顶选用稻草，而维护结构则采用黄泥夹板夯土墙。经济条件较好的家庭选用青砖砌墙，瓦片盖顶，木头作柱、梁、桁、椽，墙面粉以蛎壳灰，涂成白色、青色或黑色，以三合院、四合院为主。民国时期的传统民居基本上延续了清代的传统形制和建筑风格。据现场调查，目前留存下来的传统民居共33处，总计290间，如图3.14所示。这些传统建筑中，有无数独具匠心的建筑构件和精美的装饰图案，体现了当时社会生产力的发展水平和建筑艺术成就，它们是世代传承下来的珍贵文化遗产。目前现存的主要传统民居有三串堂（图3.15）、众星拱北、五世同堂、安吉贞、居其所、进士第、允盛堂、上新屋等，而其中最引人注目的则是三串堂。三串堂是一座三进院的传统民居，前有一面福字照墙，院落布局紧凑合理，是龙宫村最大的宅院。

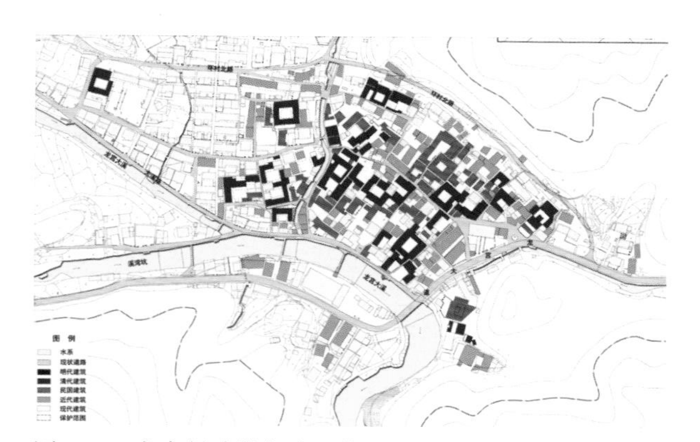

图3.14　龙宫村建筑年代现状图

图3.15　三串堂

2）祠庙建筑

龙宫村保存着三座完整的陈氏宗祠，它们分别是陈氏宗祠“星聚堂”（图3.16）、陈氏新祠“崇德堂”以及陈氏支祠“三之堂”（图3.17），见证了陈氏宗族的兴衰荣辱，同时也是中国传统宗法制度的缩影。

陈氏宗祠“星聚堂”位于龙宫村村口，坐北朝南，南临龙溪，北靠狮山，总体布局沿中轴线依次为照壁、前天井、仪门、中天井、中厅、戏台、勾连廊、内天井、正厅。明崇祯十六年（公元1643年），始建大殿三间、中厅平屋三间、车门三间二弄。清乾隆三十七年（公元 1750 年），陈仁彦在东厢房后建朝南楼屋三间。清嘉庆十九年（公元 1814 年），拆卸原有戏台重新修建，中厅平屋改为楼屋。清道光十一年（公元 1831 年），开放大门外道路，筑砌围墙。清道光二十六年（公元 1846 年）重新修建正殿，放开两厢，增高地基。东厢房外头新建楼屋三间，自后屡有维修改建，渐成今日规模。2006 年 5 月，陈氏宗祠“星聚堂”古戏台被国务院公布为第六批全国重点文物保护单位。陈氏支祠“三之堂”位于龙宫村村东，坐北朝南，总体布局沿中轴线依次为仪门、天井、戏台、厢房、正厅。陈氏支祠“三之堂”建于民国二十九年（公元 1940 年），于民国三十四年（公元 1945 年）修建完成。2012 年 3 月，陈氏支祠“三之堂”被列入县级文物保护单位。这两座宗祠规模庞大，气势恢宏，雕刻精美。檐下斗拱相叠，梁坊间彩绘美轮美奂，木雕花板错落有致。尤其是古戏台的藻井最为精美，集上乘的美学构思、雕刻、彩绘于一体，展现了古代工匠精湛的营造技艺，堪称高山深处的艺术瑰宝。

图 3.16　陈氏宗祠“星聚堂”

图 3.17　陈氏支祠“三之堂”

陈氏宗祠“崇德堂”位于龙宫村村西，坐北朝南，前有龙宫溪通过，东为村落，西为田畈。这座宗祠建于清咸丰八年（公元 1858 年），由陈锡升兴建。民国后期，由于旧校舍文昌阁容纳不下就读学生，因此将其迁至“崇德堂”，并更名为育英书院，旨在培养英才、振兴家乡。育英书院（图 3.18）是一座典型的四合院，以紧凑有序的布局、古朴典雅的建筑风格和幽静雅致的环境，展现出独特的魅力。2003 年 2 月，育英书院被列入县级文物保护单位。

图 3.18　育英书院

集福禅寺是一座有着将近七百年历史的庙宇建筑，属当地的名刹之一。寺庙整体布局严谨有序，风格独特，殿阁巍峨壮观，庙内香火鼎盛。东岳庵、白鹤殿、兴善庙集中位于大树成荫、流水蜿蜒的龙宫村村东南，依山傍河，环境清幽宜人，与自然环境有机融合。

3）古道、古桥、古井

龙宫村内还有古道、古桥、古井等众多的历史文化遗存，为人们提供了一个休闲娱乐、观光旅游和寻古探幽之地。

古道为西汉会稽至东部都尉治的古驿道，从宁海县城经黄坛、西溪、龙宫、马岙通新昌、绍兴，全程近 10 千米。古道龙宫峡谷段长约 5 千米，均为石砌道路，有的路段铺设成木栈道。南宋陈耆卿的《嘉定赤城志》记载："三十六雷山，在县西三十里。自松坛至西溪、心田，沿栈道而上，峰峦累累如贯珠，凡三十有六折，葛玄炼丹处也。面北，通马岙三坑。"村中七条街巷纵横交错、交通方便。陈祠路、书院路和樵坑路构成了整个村庄的主要交通网络。

龙宫村地处山岙，沟谷纵横，溪流交错。村里原先的石板桥有 20 多座，现存的龙溪桥是明永乐年间（公元 1403—1424 年）建造，位于大庵坑，又名柏树岭脚桥，南北走向，属于单孔石拱桥，桥面铺有鹅卵石，如图 3.19 所示。为了确保龙溪桥的历史价值得到充分的保护，当地政府于 2013 年 3 月将其纳入县级文物保护单位的名录。

龙宫村内现存五口古井，分别为三串堂后井、里三份房后井（图 3.20）、里三份房前井、药店道地古井、樵坑溪井。里三份房后井的井口不设井栏，井壁高出地面，上用石板封顶，防止树叶、灰尘、雨水等落入井中，以保持井水的清洁，与其他古井形制相似。

图 3.19　龙溪桥

图 3.20　里三份房后井

3. 优越的生态环境价值

龙宫村位于群山环抱、峰峦叠嶂的天然平坦盆地，周边山地广阔，危岩林立，奇石岩洞众多。龙宫峡谷幽深绵长，两边峭壁陡立，远处群山连绵，近处流水潺潺。在这幽美奇特的自然美景中，有一条清澈明亮而又曲折蜿蜒的龙宫溪自西向东流淌。龙宫溪沿途的峻壁、急流涧、龙潭、飞瀑、浅滩竞秀，沿溪静卧着汉代古道。龙宫村自然风光优美，是一个典型的森林氧吧和休闲度假胜地。

图 3.21　龙树

龙宫村四季分明，气候温和湿润，山上的植被以灌木为主，林木茂盛，并留下了不少的古树名木。村内有六棵古树，或散生于田野，或长于溪畔，或融于古宅。树龄 500 年以上的古树有两棵，树龄最大的古树已有 700 年树龄。位于樵坑溪中段的枫杨树，被当地人称为“龙树”（图 3.21）、“元宝树”，主干粗大，枝繁叶茂。树下樵坑溪缓缓而过，景色优美！

4. 非物质文化遗产传承多样

龙宫村承载着千年的农耕文明和乡村文化演变的历史，承载着地域特色丰富的非物质文化遗产，其中蕴含着村落历史记忆、宗族文化、俚语方言、乡约乡规、民间艺术等多种内容。这些元素深刻地影响着龙宫村百姓的价值观念和生活方式，以及对民俗活动的认知与参与。特别是在“义文化”和“龙文化”这两个方面，表现得尤为显著。

1）“义字当头，仁行天下”

义门陈氏是发源于江西德安县的一个江右民系家族。唐太和六年（公元 832 年），江右陈氏的祖先陈旺因为当官而在德安县太平乡常乐里置业，到唐中和四年（公元 884 年）已经数代同居五十多年，唐僖宗御笔亲赠“义门陈氏”匾额，此后义门陈氏多次受到皇族表彰，闻名遐迩。宋嘉佑七年（公元 1062 年），出于抑制义门陈氏和巩固封建统治的考虑，宋仁宗下旨让义门陈氏分庄。最后，义门陈氏分为天下 291 庄，遍布全国。《陈氏宗谱》记载，陈氏后人要做善事行义举，并对善事义举事迹突出者以“太邱遗风”颂之，并以匾书“继武太邱”彰之。自古以来，龙宫村村民一直秉持着以“义”作为行为准则，以质朴的“义”字观念处事、做人，涌现出无数的善人善举，行善积德蔚然成风。2014 年 11 月 12 日，由中共中央宣传部、住房和城乡建设部、国家新闻出版广电总局、国家文物局联合组织实施，由中央电视台组织拍摄的《记住乡愁》第 24 集《义行天下》聚焦龙宫村。为弘扬中华民族传统美德，更好地传承优秀文化传统，该片主要宣传龙宫陈氏的义举。在拍摄过程中，通过对龙宫陈氏义行的深入了解，摄制组提炼出了“义字当头 仁行天下”的主题。这部宣传片一经面世，立刻引起了社会各界的广泛关注，并获得了极佳的口碑。

2）龙文化特色显著

龙文化作为中华文明的象征，源于龙图腾，是源于民族文化的创造和精神所产生的文化。龙的形象呈现出一种夸张、虚构的艺术创作风格，展现了其独特的艺术魅力。龙不仅具有象征意义，同时蕴含着深厚的人文内涵。在中华传统文化中，龙象征着权力、尊贵和荣耀，同时也象征着幸运和成功。从这一角度来说，龙宫村以“龙”为主题命名村落就是对龙文化的最好诠释。村内山水树木多以龙为名，“龙”元素的融入使得古村更添一份神秘，秀美中更显一份灵气。“龙树”树形奇特，虬枝盘绕，苍劲有力，似大小蛟龙腾空翻跃，令人称奇。山不在高，有仙则名，水不在深，有龙则灵，这种山水和神灵的有机融合，使龙宫村具有显著的龙文化特色。

3.3
宁海古戏台建筑群的现状分析

经过对宁海县125座古戏台所在村落的基本信息进行梳理和汇总，从所属乡镇、建成年代、古戏台类型、文保级别等多方面进行了细致的分类，并结合地域文化特点和历史变迁情况，提出了一系列保护建议，旨在为古戏台文化遗产的抢救、开发和利用提供有益的参考。

3.3.1 所属乡镇

由于所属乡镇的不同，宁海古戏台建筑群的平面形态特征和空间布局形式各具特色。宁海县共有125座古戏台登记在册，分布在全县各个乡镇，其中跃龙街道1座，占0.8%；桃源街道17座，占13.6%；桥头胡街道7座，占5.6%；梅林街道7座，占5.6%；强蛟镇4座，占3.2%；西店镇17座，占13.6%；深甽镇24座，占19.2%；茶院乡7座，占5.6%；力洋镇3座，占2.4%；胡陈乡3座，占2.4%；长街镇4座，占3.2%；越溪乡6座，占4.8%；一市镇8座，占6.4%；黄坦镇4座，占3.2%；岔路镇2座，占1.6%；前童镇9座，占7.2%；桑洲镇3座，占2.4%。数量众多的古戏台为研究本地传统戏曲文化的发展提供了重要资料。

3.3.2 建成年代

根据宁海古戏台建筑群的建成年代，可以划分成三个时间段，其中明代共7座，占5.6%；清代共114座，占91.2%；中华民国共4座，占3.2%。明代戏台分别是清潭村双枝庙古戏台、赤岙村二保庙古戏台、马岙村俞氏宗祠古戏台；上金村金氏宗祠古戏台、大溪王村王氏宗祠古戏台、田洋芦村卢氏宗祠古戏台、岭峧村叶氏宗祠古戏台，这些建筑能够保存完好，尤为难得。这三种时间序列与传统戏曲文化之间存在着密切的关系，它们分别反映了中国古代戏曲艺术发展的不同阶段，标志着我国古代戏曲艺术逐渐进入成熟、繁荣时期。

3.3.3　古戏台类型

根据宁海古戏台的形制和用途，可将其归为三大类，分别为宗祠戏台、庙宇戏台和市井戏台。其中宗祠戏台最为常见，共有 110 座，占 88.0%；庙宇戏台共 14 座，占 11.2%；市井戏台仅 1 座，占 0.8%。这三大类戏台共同构成了宁海多样性的传统文化和深厚的历史底蕴，是人们情感和信仰的象征，承载着世世代代的故事和情感。

3.3.4　文物保护级别

宁海古戏台（表 3–1）依据文物保护等级可划分为三类，分别为全国重点文物保护单位、县级文物保护单位以及县级文物保护点。文物保护等级可以彰显出古戏台珍贵的历史文化价值。其中全国重点文物保护单位共 10 座，占 8%；县级文物保护单位共 3 座，占 2.4%；县级文物保护点共 18 座，占 14.4%。全国重点文物保护单位的古戏台代表着宁海古戏台的精髓，承载着历史的记忆和民族的情感；是连接过去和未来的桥梁，蕴含着极其重要的历史、艺术和文化价值。县级文物保护单位和县级文物保护点在当地扮演着不可或缺的角色。它们作为当地文化传承的珍贵遗产，见证着地方发展和社会变迁。

表 3–1　宁海古戏台明细表

序号	名称	地址	建成朝代	戏台类型	文保级别
1	城隍庙古戏台	跃龙街道县前社区	清代	庙宇戏台	全国重点文物保护单位
2	潘氏宗祠古戏台	桥头胡街道潘家岙村	清代	宗祠戏台	全国重点文物保护单位
3	胡氏宗祠古戏台	梅林街道岙胡村	清代	宗祠戏台	全国重点文物保护单位
4	林氏宗祠古戏台	强蛟镇加爵科村	清代（道光）	祠堂戏台	全国重点文物保护单位
5	魏氏宗祠古戏台	强蛟镇下蒲村	清代（康熙）	宗祠戏台	全国重点文物保护单位
6	崇兴庙古戏台	西店镇石家村与后溪村之间	清代（康熙）	庙宇戏台	全国重点文物保护单位
7	陈氏宗祠古戏台	深甽镇龙宫村	清代	宗祠戏台	全国重点文物保护单位
8	俞氏宗祠古戏台	深甽镇马岙村	明代	宗祠戏台	全国重点文物保护单位
9	双枝庙古戏台	深甽镇清潭村	明代	庙宇戏台	全国重点文物保护单位
10	胡氏宗祠古戏台	深甽镇大蔡村	清代（嘉庆）	宗祠戏台	全国重点文物保护单位
11	邬氏宗祠古戏台	西店镇集义村	清代	宗祠戏台	县级文物保护单位

续表

序号	名称	地址	建成朝代	戏台类型	文保级别
12	皇封庙古戏台	西店镇前金村	清代	庙宇戏台	县级文物保护单位
13	童氏宗祠古戏台	前童镇前童村	民国	宗祠戏台	县级文物保护单位
14	徐氏宗祠古戏台	桃源街道浦西社区	清代（雍正）	宗祠戏台	县级文物保护点
15	陈氏宗祠古戏台	桃源街应家山村	清代	宗祠戏台	县级文物保护点
16	金氏宗祠古戏台	桃源街道上金村	明代	宗祠戏台	县级文物保护点
17	金氏宗祠古戏台	桥头胡街道涨家溪村	清代	宗祠戏台	县级文物保护点
18	朱氏宗祠古戏台	梅林街道五松坑村	清代	宗祠戏台	县级文物保护点
19	尤氏宗祠古戏台	强蛟镇峡山村	清代	宗祠戏台	县级文物保护点
20	葛氏宗祠古戏台	西店镇横路葛村	清代	宗祠戏台	县级文物保护点
21	孙氏宗祠古戏台	西店镇樟树村	清代（乾隆）	宗祠戏台	县级文物保护点
22	镇东庙古戏台	西店镇塘下村	清代	庙宇戏台	县级文物保护点
23	永丰庙古戏台	深甽镇柘坑戴村	清代	庙宇戏台	县级文物保护点
24	李氏宗祠古戏台	深甽镇上湖村	清代	宗祠戏台	县级文物保护点
25	郭氏宗祠古戏台	深甽镇长洋村	清代（同治）	宗祠戏台	县级文物保护点
26	潘氏宗祠古戏台	深甽镇梁坑村	清代	宗祠戏台	县级文物保护点
27	俞氏宗祠古戏台	深甽镇三坑村	清代	宗祠戏台	县级文物保护点
28	街边古戏台	茶院乡柘浦街村	清代	市井戏台	县级文物保护点
29	西山殿古戏台	长街镇山头村	清代	庙宇戏台	县级文物保护点
30	叶氏宗祠古戏台	一市镇里岙村	清代	宗祠戏台	县级文物保护点
31	杨家小祠堂	黄坦镇杨家村	清代	宗祠戏台	县级文物保护点
32	陈氏宗祠古戏台	跃龙街道上园村	清代	宗祠戏台	
33	蒋氏宗祠古戏台	跃龙街道枧头村	清代	宗祠戏台	
34	赵氏家庙古戏台	跃龙街道白峤村	清代	宗祠戏台	
35	吴氏宗祠古戏台	跃龙街道草坦头村	清代	宗祠戏台	
36	章氏宗祠古戏台	跃龙街道石舌章村	清代	宗祠戏台	
37	李氏家庙古戏台	跃龙街道大路李村	清代	宗祠戏台	
38	蔡氏宗祠古戏台	跃龙街道屠岙蔡村	清代	宗祠戏台	
39	赵氏宗祠古戏台	跃龙街道百亩洋村	清代	宗祠戏台	
40	夏氏宗祠古戏台	跃龙街道格水村	清代（康熙）	宗祠戏台	
41	陈氏宗祠古戏台	桃源街道杏蒋社区	清代	宗祠戏台	
42	金氏宗祠古戏台	桃源街道下金村	清代	宗祠戏台	

续表

序号	名称	地址	建成朝代	戏台类型	文保级别
43	邬氏宗祠古戏台	桃源街道后徐村	清代	宗祠戏台	
44	黄氏宗祠古戏台	桃源街道前黄村	清代	宗祠戏台	
45	王氏宗祠古戏台	桥头胡街道店前王村	清代	宗祠戏台	
46	胡氏宗祠古戏台	桥头胡街道桥头胡村	清代	宗祠戏台	
47	屠氏宗祠古戏台	桥头胡街道屠家村	清代	宗祠戏台	
48	林氏宗祠古戏台	桥头胡街道林家村	清代	宗祠戏台	
49	吕氏宗祠古戏台	桥头胡街道东吕村	民国	宗祠戏台	
50	丁氏家庙古戏台	梅林街道兰丁村	清代	宗祠戏台	
51	林氏宗祠古戏台	梅林街道方前村	清代	宗祠戏台	
52	仇氏宗祠古戏台	梅林街道仇家村	清代	宗祠戏台	
53	刘氏宗祠古戏台	梅林街道桐树岙村	清代	宗祠戏台	
54	刘氏家庙古戏台	梅林街道山下刘村	清代	宗祠戏台	
55	薛岙宗祠古戏台	强蛟镇薛岙村	清代	宗祠戏台	
56	洪氏宗祠古戏台	西店镇洪家村	清代	宗祠戏台	
57	洪氏宗祠古戏台	西店镇下田畈村	清代	宗祠戏台	
58	刘氏宗祠古戏台	西店镇礼村	清代	宗祠戏台	
59	戴氏宗祠古戏台	西店镇团堧村	清代	宗祠戏台	
60	詹氏宗祠古戏台	西店镇老詹村	清代	宗祠戏台	
61	邬氏宗祠古戏台	西店镇海洋村	清代	宗祠戏台	
62	邬氏宗祠古戏台	西店镇前金村	清代	宗祠戏台	
63	后宅宗祠古戏台	西店镇王家村	清代	宗祠戏台	
64	徐氏宗祠古戏台	西店镇凫溪村	清代	宗祠戏台	
65	刘氏家庙古戏台	西店镇桥棚村	清代	宗祠戏台	
66	南保庙古戏台	西店镇溪头村	清代	庙宇戏台	
67	胡氏宗祠古戏台	深甽镇岭下村	清代	宗祠戏台	
68	戴氏宗祠古戏台	深甽镇柘坑戴村	清代	宗祠戏台	
69	胡氏宗祠古戏台	深甽镇中湖村	清代	宗祠戏台	
70	王氏宗祠古戏台	深甽镇大溪王村	清代	宗祠戏台	
71	竺氏宗祠古戏台	深甽镇溪边村	清代	宗祠戏台	
72	张氏宗祠古戏台	深甽镇柘坑张村	清代	宗祠戏台	
73	姜氏宗祠古戏台	深甽镇姜家村	清代	宗祠戏台	

续表

序号	名称	地址	建成朝代	戏台类型	文保级别
74	徐氏宗祠古戏台	深甽镇岭徐村	清代	宗祠戏台	
75	孙氏家庙古戏台	深甽镇夏樟村	清代	宗祠戏台	
76	王氏宗祠古戏台	深甽镇沙地村	清代	宗祠戏台	
77	孔氏家庙古戏台	深甽镇孔家村	清代	宗祠戏台	
78	张氏宗祠古戏台	深甽镇清潭村	清代	宗祠戏台	
79	俞氏宗祠古戏台	深甽镇上湖村	清代	宗祠戏台	
80	二保庙古戏台	深甽镇赤岙村	明代	庙宇戏台	
81	马岙义祠古戏台	深甽镇马岙村	清代	宗祠戏台	
82	俞氏宗祠古戏台	茶院乡张家村	清代	宗祠戏台	
83	王氏宗祠古戏台	茶院乡寺前王村	清代	宗祠戏台	
84	前殿庙古戏台	茶院乡庙岭村	清代	庙宇戏台	
85	徐氏宗祠古戏台	茶院乡上徐村	清代	宗祠戏台	
86	陈氏家庙古戏台	茶院乡东南溪村	清代	宗祠戏台	
87	李氏宗祠古戏台	茶院乡后坑李村	清代（嘉庆）	宗祠戏台	
88	灵康庙古戏台	力洋镇叶家村	清代	庙宇戏台	
89	朱氏宗祠古戏台	力洋镇田交朱村	清代	宗祠戏台	
90	叶氏宗祠古戏台	力洋镇岭峧村	明代	宗祠戏台	
91	林氏宗祠古戏台	胡陈乡西翁村	清代	宗祠戏台	
92	夏氏宗祠古戏台	胡陈乡沙地村	清代	宗祠戏台	
93	赖氏宗祠古戏台	胡陈乡大赖村	清代	宗祠戏台	
94	陈氏宗祠古戏台	长街镇龙山村	清代	宗祠戏台	
95	蒋氏宗祠古戏台	长街镇岳井村	清代	宗祠戏台	
96	振英庙古戏台	长街镇长街村	清代	庙宇戏台	
97	林氏家庙古戏台	越溪乡大林村	清代	宗祠戏台	
98	白鹤庙古戏台	越溪乡下田村	清代	宗祠戏台	
99	朱氏宗祠古戏台	越溪乡隔坑村	清代	宗祠戏台	
100	田氏家庙古戏台	越溪乡上田村	清代	宗祠戏台	
101	吴氏家庙古戏台	越溪乡南庄村	清代	宗祠戏台	
102	陈氏家庙古戏台	越溪乡大陈村	清代	宗祠戏台	
103	方氏宗祠古戏台	一市镇山上方村	民国	宗祠戏台	
104	褚氏家庙古戏台	一市镇东岙村	不详（形制判断为清代）	宗祠戏台	

续表

序号	名称	地址	建成朝代	戏台类型	文保级别
105	褚氏宗祠古戏台	一市镇箬岙村	清代（雍正）	宗祠戏台	
106	王氏宗祠古戏台	一市镇东岙村	清代	宗祠戏台	
107	嵩山庙古戏台	一市镇跳头吕村	清代	庙宇戏台	
108	陈氏宗祠古戏台	一市镇下洋陈村	清代	宗祠戏台	
109	褚氏宗祠古戏台	一市镇牛台村	清代	宗祠戏台	
110	娄氏宗祠古戏台	黄坦镇旭山村	清代	宗祠戏台	
111	吕氏宗祠古戏台	黄坦镇大洋山村	清代	宗祠戏台	
112	胡氏宗祠古戏台	黄坦镇榧坑村	清代	宗祠戏台	
113	娄氏宗祠古戏台	岔路镇新园村	清代	宗祠戏台	
114	娄氏宗祠古戏台	岔路镇上金村	清代	宗祠戏台	
115	葛家祠堂古戏台	前童镇大郑村	清代	宗祠戏台	
116	王氏宗祠古戏台	前童镇大溪王村	明代	宗祠戏台	
117	陈氏宗祠古戏台	前童镇岭南村	清代	宗祠戏台	
118	严氏宗祠古戏台	前童镇官地村	清代	宗祠戏台	
119	上杨宗祠古戏台	前童镇柘湖杨村	清代	宗祠戏台	
120	王氏宗祠古戏台	前童镇竹林村	民国	宗祠戏台	
121	杨氏宗祠古戏台	前童镇溪头杨村	清代	宗祠戏台	
122	杨氏宗祠古戏台	前童镇官地村	清代	宗祠戏台	
123	葛氏宗祠古戏台	桑洲镇六合村	清代	宗祠戏台	
124	章氏宗祠古戏台	桑洲镇南山章村	清代	宗祠戏台	
125	卢氏宗祠古戏台	桑洲镇田洋芦村	明代	宗祠戏台	

3.4 宁海古戏台建筑的类型

中国戏曲之所以蓬勃发展，主要源于丰富多彩的民俗活动，特别是在广袤的乡村地区，这些活动深受广大民众的喜爱和支持，因而形成了广泛的群众基础。这些民俗活动通过各类祠庙建筑营造的戏台得以实现和延续，因此，祠庙建筑自然也成为人们娱乐、表演、交往的重要场所。舞台上的表演者通过多种方式与观众交流，以达到“寓教于乐”的目的。

图 3.22　宁海平调

明清时期，宁海政治稳定、经济繁荣、社会安定，为各类古戏台建筑的兴建提供了良好的基础。随着经济的蓬勃发展，人们对于戏曲艺术的精神追求日益强烈，这也促进了民间演出场所的不断增多，进而推动了地方戏曲事业的兴盛与发展。在当地民众的日常生活中，戏曲扮演着不可或缺的角色。因此，从某种意义上讲，当地民众是戏曲文化的传播者和传承者，更是戏曲赖以生存和发展的土壤。随着宁海平调（图 3.22）和越剧等传统地方戏曲的蓬勃发展，尤其宁海平调以其独特的魅力受到越来越多群众的喜爱，戏曲表演活动的规模不断扩大。2006 年，宁海平调被国务院列入第一批国家级非物质文化遗产名录。

与此同时，宁海的手工业发达、工匠技艺精湛，为古戏台建筑的营造提供了强有力的技术支持。上述这些原因都为古戏台提供了良好的发展机会。由于历史文化积淀深厚，加之政府重视保护与开发，使得这类建筑得以较好地留存。目前宁海古戏台不仅数量众多，建筑形式也是相当多样。然而，就整体状况来看，现存于各乡村的古戏台建筑大多数规模较小。

罗德胤在《中国古戏台建筑》中将明清时期的古戏台按建筑形式分成亭式、集中式、分离式和依附式四大类。杨古城、周东旭编撰的《浙东古戏台》将古戏台按功能特点分为社戏戏场、家庙宗祠戏场、同业会馆戏场、市集桥台街亭戏场、城乡路头草台戏场、佛寺道观戏场、傀儡戏台等。

固定性戏台指木结构或者石木混合结构的固定观演空间，大多数由祭祀场所转变而来，具有浓厚的宗教色彩。现存的宁海古戏台都是固定性戏台，以宗祠戏台为主。通过“劈作做”工艺营造的祠庙建筑更是令人叫绝，如岙胡村胡氏宗祠古戏台、五松坑村朱氏宗祠古戏台。

草台是为了戏曲演出需要临时搭设的戏台。草台属于流动性戏台，与固定性戏台相比，显得较为简陋。它通常是由竹或木所营造的，表演区的上空覆盖着稻草、竹席或者木板，以达到遮阳避雨的效果。草台之所以备受青睐，是因为它具有高度的机动性和灵活性，不受任何场地限制，可以根据不同的需求进行自由布局和排列。

3.4.1　祠堂戏台

传统血缘型聚落通常是以姓氏组成的家族村落，这种形式的村落与当时的社会环境密切相关。祠堂以祭祀、祭祖为主要功能，同时用宗法制度约束和教化宗族成员。明清时期的宁海几乎村村都建有祠堂，不少望族都会集资兴建宗族祠堂，不遗余力地投入财力和物力，力求将宗族祠堂打造成宏伟奢华的建筑。加爵科村林氏宗祠古戏台、马岙村俞氏宗祠古戏台（图 3.23）、下浦村魏氏宗祠古戏台和潘家岙村潘氏宗祠古戏台的飞檐斗拱华丽精致，匾额楹联雅俗共赏。马岙村俞氏宗祠正殿更是雕梁画栋，气势雄伟，令人叹为观止，如图 3.24 所示。虽然历经沧桑，但至今仍闪耀着独特的光芒，这些宗祠都是全国重点文物保护单位，彰显着历史的厚重和文化的底蕴。有些缺乏财力的家族不甘示弱，他们不惜重金修建宗祠，以彰显家族的实力。宗祠作为家族成员祭祀祖先或举行宗族活动的场所，承载着族人的精神寄托，因此宗祠往往是整个村落中最为华丽的建筑，也代表着当地最高的建筑营造水平。经过对宗祠建筑平面格局的梳理，研究发现宁海宗祠建筑固定的格局就是将戏台与仪门紧密相连，戏台坐落于天井之中并面向正殿，从而实现“敬祖娱人”的目的，如图 3.25、图 3.26 所示。每到祭祖或者过节的时候，宗祠内热闹非凡。宗祠内常常会上演戏曲以酬谢祖先，或者举行各种仪式来表达对祖先的敬意和感恩之情，同时也是娱乐族人的一种方式。

图 3.23　马岙村俞氏宗祠古戏台

图 3.24　马岙村俞氏宗祠正殿前檐廊雕刻构件

图 3.25　峡山村尤氏宗祠航拍照

图 3.26　峡山村尤氏宗祠古戏台

图 3.27　古戏台上的戏曲表演

首先宗祠戏台要满足祭祖这一功能，通过盛大的祭祀活动，让族人感受到祖先给他们带来的福祉和力量，达到传递与沟通内心的目的。由于戏台正对正殿，而正殿内供奉着祖先牌位，这使得整个建筑显得庄严肃穆，进而体现出“孝”。在宗祠内举行祭祖仪式，是宗族内部交流情感、凝聚人心的一种方式。祭祖活动的进行需要有一定的场所和环境作为依托，而宗祠则成为了这一活动的空间载体。祭祖要突出忠、孝、礼、义等传统儒家伦理观念，还要借助戏曲形式来表达对祖先的敬仰之情。

其次是戏曲表演的世俗化，渐成娱乐族人的盛会。宗祠里演出的戏均为传统戏，在这些传统剧目中，许多都是大家耳熟能详、喜闻乐见的。《碧玉簪》《双龙锁》《闹阴阳》《狸猫换太子》《梁山伯与祝英台》《金莲斩蛟》等经典名剧，都深受当地人民群众喜爱。宗祠作为村庄主要的公共空间，逢年过节，儿孙们都会聚集到这里一起欣赏戏曲，如图 3.27 所示，保持宗族成员的血缘关系，增进相互间的认同感。每逢宗族成员去世，神位牌入祀祠堂时都会请戏班来祠堂演戏以表哀思或祭奠先人。宗族成员考取功名时也会请戏班演戏庆祝其家族的荣耀，给列祖列宗报喜，继而鼓舞后人奋发图强。

最后戏台具有教化作用，其目的在于让宗族成员知道祖先崇拜，强调了血缘亲情，从而增强家族认同。用演戏的方式敬重祖先，达到维护宗法伦理秩序的作用。宗祠演出的剧目均严格选用了符合宗族观念和规范的传统故事作为主题，多用来宣传孝道、颂扬神灵，用它来教化宗族成员明义知礼，以求社会稳定、家族兴旺。另外一些剧目则取材于民间传说、历史典故、古代神话等，以反映当时人们的生活习俗及思想观念。他们用表演剧情的方式，让宗族成员认识祖先的事迹，继而产生认同感，达到道德教化的作用。同时又通过祭祀仪式、祭礼等形式强化族内认同和家族凝聚力，从而形成一种强大而持久的精神力量，对儒家文化在民间传播起到了促进作用，有利于构建良好的社会秩序。不少宗祠还是家族子弟的启蒙私塾，在培育下一代的过程中有着潜移默化的影响。

宁海有将祠庙合为一体的礼制建筑，以祭祖拜神为主要内容，因而既有神庙之威严又有宗庙之肃穆，在祭祀活动时请戏班在戏台上演戏，这些习俗一直延续至今。石家村崇兴庙古戏台位于西店镇石家村与后溪村之间，为二村共有。石家村、后溪村同宗同姓，村民均姓石，是宋乾道年间（公元 1165—1173 年）奉直大夫石羡问的后嗣。石家村崇兴庙祖堂就是神殿，中间正襟危坐的菩萨就是石氏，神龛两侧立着文武仪卫，村民们可以进寺庙求签许愿。

图 3.28　潘家岙村潘氏宗祠古戏台藻井“劈作做”工艺

在宗族发展过程中，村民们虽然属于同一个宗族，但分属于不同房派，因此有些宗祠在营造时采用“劈作做”工艺。“劈作做”工艺是以中轴线为界，左右两厢的样式和装饰图案可以完全不同，但在戏台、正殿交接处又无缝对接，仅在色彩上略有区别。这就使得整个建筑显得和谐统一而不失变化，既有浓厚的时代烙印，还反映出地方的民间信仰与审美。它不仅给人以深刻的艺术享受，同时还具有一定的研究价值。这便是“劈作做”工艺所特有的魅力。下蒲村魏氏宗祠、五松坑村朱氏宗祠、潘家岙村潘氏宗祠等建筑就是“劈作做”工艺工艺的代表，如图 3.28 所示。

随着时代变迁，很多祠庙被拆除并逐渐消亡，但保存下来的也有相当数量。因宁海人民靠山面海而居，民风淳朴，因此宁海具有浓厚的乡土特色。在漫长的封建社会里，民间形成了以家族为单位的祭祀体系，其中最重要的就是宗祠。明清至民国时期，宁海的各个乡村修建了大量的祠堂建筑，这些都是宗族组织活动中必不可少的部分。它们与当地村落文化息息相关，成为人们了解地方风俗民情的一个窗口。这一时期的祠堂戏台，其造型、格局等除极个别小的变化外，其余基本上与西店镇石家村崇兴庙古戏台的建筑形象和结构相似。这种依附于庙宇或宗祠的戏台因为其特殊的功能和地位，得以与宗祠同时保存下来，成为宁海宝贵的文化遗产。尤其在宁海县深甽镇的各个村落，由于靠近山区，交通不便，缺少与外界的接触，反而保留了 24 座保存较好的宗祠戏台和庙宇戏台，其中 4 座古戏台属于国家级文物保护单位，5 座古戏台属于县级文物保护点。

3.4.2　庙宇戏台

图 3.29　清潭村双枝庙古戏台

庙宇作为中国传统建筑体系中不可缺少的组成部分，其结构布局、建筑材料以及装饰纹样均具有鲜明的地域风格。作为宗教信仰的象征，同时也是民俗文化的载体，庙宇承载的意义和价值不可小觑。庙宇戏台是依附于庙宇建筑的戏台（如图 3.29 所示的清潭村双枝庙古戏台），其中绝大多数布置在庙宇建筑的天井内，与山门的明间相接，戏台面向正殿，与祠堂戏台的形制相似。庙宇戏台以戏曲表演为主要功能，是戏曲文化和宗教活动结合的产物，具有祭祀性和宗教性特征。

作为民俗活动的庙会，它的开展有其特定的时间安排，同时也伴随着各种民俗娱乐活动，丰富了人们的精神生活。庙会已成为普通民众主要的社交活动之一，从而催生了当地商业、文化、手工业等行业的蓬勃发展，为社会经济的快速增长注入了强劲动力。

随着历史的变迁，具有浓郁地方特色的祭祀仪式逐渐淡出历史舞台，而以戏台为媒介的表演艺术则在不断创新和发展。在我国古代封建社会中，神权、族权和皇权相互交织，庙宇戏台成为了不同阶级共同维护秩序的桥梁。

在历史发展过程中，宁海县经历过多次变迁，1952 年以前隶属台州市，之后归属于宁波市管辖，因此其地域文化主要以台州的风俗为基础，但同时又受到宁波地区的风俗习惯的影响。这两种风俗相互融合，最终形成了宁海独特的建筑形式和风俗习惯。宁海民风“尚鬼好祀”，民间信仰兴盛，祭祀活动盛行，因此庙宇建筑成为当地百姓祈求神灵保佑平安、祛灾除害的场所。这些庙宇多建于明清时期，虽然规模不算宏伟，但数量众多，每逢庙会必有演出活动，以增添节日庆典的欢乐氛围。

在庙会期间，观众可以欣赏到多种不同类型的演出，其中包括传统戏曲、舞龙舞狮、曲艺、歌舞、杂技等多种表演形式，以传统戏曲最为活跃，它是庙会上最重要的文化活动。在宁海，春节前后都有盛大的戏曲表演，这也是当地民俗活动的一大亮点。鲁迅先生在《社戏》中写道“那声音大概是横笛，宛转，悠扬，使我的心也沉静，然而又自失起来，觉得要和他弥散在含着豆麦蕴藻之香的夜气里”“回望戏台在灯火光中，却又如初来未到时候一般，又漂渺得像一座仙山楼阁，满被红霞罩着了”。可见，戏台既能让观众获得精神上的愉悦，又能给观众带来视觉上的享受，并在人际交往中扮演着重要的角色。明清时期，每逢节庆日，宁海城隍庙、石家村崇兴庙、深甽永丰庙等庙宇常常有戏班献上精彩的演出，由此吸引了大量虔诚的香客前来参与宗教祭祀活动。在庙会期间，虔诚的香客们必定会慷慨解囊，贡上香火钱，以表达他们对神灵的崇敬和感激之情。一旦筹集到足够的资金，就可以重修或扩建庙宇和戏台，从而确保这些古老的建筑得以永久保存。

图 3.30　柘坑戴村永丰庙古戏台

据资料显示，宁海县境内现存 14 座庙宇戏台，它们遍布各个乡镇。在这些庙宇戏台之中，城隍庙古戏台、石家村崇兴庙古戏台、清潭村双枝庙古戏台则被列为全国重点文物保护单位。前金村皇封庙古戏台则被列为县级文物保护单位。塘下村镇东庙古戏台、柘坑戴村永丰庙古戏台、山头村西山殿古戏台被列为县级文物保护点。

柘坑戴村永丰庙坐落于深甽镇，为一座木结构单檐硬山顶建筑。沿着中轴线依次排列着仪门、戏台、左右厢房和正殿，构成了一个完整的合院建筑，

图 3.31　柘坑戴村永丰庙航拍照

图 3.32　柘坑戴村永丰庙仪门

如图 3.30～3.32 所示。仪门、正殿均为三开间，厢房三开间带一弄。正殿是整个寺庙建筑中最重要的组成部分，除供奉菩萨外，还担负了祭祀神祇等多种用途。永丰庙建筑造型美观，雕刻精细，古朴庄重，具有极高的历史价值与文物价值。屋脊、戏台、栏杆、藻井、斗拱等都恰到好处地运用堆塑、雕刻、彩绘等多种艺术手法，充分展现了明清时期庙宇建筑的特色。镇东庙、南保庙、二保庙、前殿庙、灵康庙、振英庙、白鹤庙、嵩山庙等 8 个庙宇也是具有重要历史价值与艺术特色的历史建筑。

这些庙宇建于明清时期，主要由当地百姓集资修建并供奉着各位神灵，以祈求风调雨顺和人丁兴旺。每座庙宇都有各自供奉的神灵，这些神灵都与历史人物有着千丝万缕的联系。白鹤庙是一座为供奉白鹤大帝赵炳而修建的庙宇。赵炳是东汉时期的道士和医学家，因其医术高明，在当时享有盛名。据南宋陈耆卿《嘉定赤城志》记载，宋高宗在南渡过程中遭遇了金兵的追击，最终不得不逃到台州章安。突然间，海面上弥漫着一股神秘的云雾，仿佛是赵炳显灵。宋高宗成功脱险之后封赵炳为白鹤大帝，并将浙东六郡定为其供奉之地。自此白鹤大帝赵炳成为海上守护神。宁海县地处东海之滨，昔日沿海百姓以打鱼为生。由于海上风大浪多，经常有船只沉没。为了祈愿出海打鱼能够平安归来，获得好收成，当地渔民便自发集资兴建城隍庙，供奉白鹤大帝。从此，白鹤大帝逐渐成为宁海百姓心中备受推崇的神灵。西店镇前金村有一座纪念北宋开国名将曹彬的皇封庙，始建于清代。相传曹彬严于治军，因而获得宋太祖赵匡胤的信任与青睐。曹彬逝世后被追赠中书令和济阳郡王，谥号武惠。在历史上杰出的将领中，能够获得如此荣誉的人实属罕见。北宋著名文学家欧阳修曾评价他："曹武惠王彬，国朝名将，勋业之盛，无与为比。"北宋史学家司马光也曾赞许他："曹侍中彬为人仁爱多恕，平数国，未尝妄斩人。"曹彬的成就得到宁海百姓的尊敬，皇封庙就是为纪念他的功绩而修建的。

城隍庙、关帝庙、土地庙等民间神庙是我国现存数量最多的宗教性建筑。城隍庙是供奉城隍神的庙宇，通常只有在县级以上的城市才会设立城隍庙。城隍神是冥界的地方官，城隍神和土地神共同守护着当地的安宁。百姓祈盼平安健康，求子孙、求富贵、求官职、祈愿幸福美满，都要去本地城隍庙拜祭，所以城隍庙香火不断。城隍庙并非仅是一处供奉之所，其所蕴含的教化力量已经深深地渗透到了广大民众的内心深处。在全国各地几乎所有的城隍庙都悬挂着对联和牌匾。常见“纲纪严明”“浩然正气”“护国庇民”“发扬正气”的匾额悬挂于正殿，还有“善恶到头终有报，是非结底自分明”“善行到此心无愧，恶过吾门胆自寒”等楹联悬挂或写在正殿的柱子上。匾额与楹联的核心是歌颂城隍神的功和德，劝人行善不作恶，这些便是城隍庙教化功能的最好佐证。

相传三国时期东吴大将徐盛是中国“第一位城隍神”，因此纪念他的庙宇也成为“中国第一座城隍庙”。《明太祖实录》记载：“明洪武二年（公元 1369 年），朱元璋大封天下城隍神，将其分为五个等级。在京都应天府城隍神，封王爵。京都开封府、临濠府、太平府、和府、滁府等城隍神皆封王，正一品。其余各府州县、府城隍神为威灵公，秩正二品；州为灵佑侯，秩三品；县为显佑伯，秩四品。各系以‘鉴察司民’之号。”可见当时的统治者对供奉的神祇级别都有严格的管理规定。城隍庙的建筑形制、规模、精美程度远超一般的礼制建筑，并由此衍生出一系列具有浓厚地方特色的民间信仰活动。城隍庙的主要作用是演戏敬神，因此在兴建城隍庙时，常常会修建高大精美的戏台。相较于祠堂戏台，城隍庙戏台更显壮观、精致、华丽。清官府规定：（一）通令各省府厅县建造城隍庙宇；（二）把城隍祭祀列入正式祭典；（三）凡地方官新上任，必须占卜吉日，亲诣该地的城隍庙举行奉吉进礼；（四）每年初一、初十要到城隍庙进香。由此可见，城隍庙已经成为一种全国性的宗教场所，它以其独特的形式和功能发挥着教化民众、凝聚人心的作用。

宁波城隍庙正殿供奉宁波府正二品鉴察司城隍威灵公纪信大老爷，明洪武年间，被定名为“宁波府城隍庙”。这座宏伟的建筑群由前天井、仪门（图 3.33）、戏台、中天井、大殿、后天井、后殿、东西偏殿和左右厢房组成，具有极高的历史价值。宁海城隍庙的建筑规模虽不及宁波城隍庙，但其精美程度却毫不逊色。

图 3.33　宁波城隍庙仪门

宁海城隍庙始建于唐广德年间（公元 763 年 7 月—764 年 12 月），供奉的城隍神为田什。该城隍庙是宁海级别最高的一座官式建筑，自南向北依次抬升，占地总面积 1600 多平方米，是浙东地区保存最完整的县级城隍庙之一。该城隍庙建筑风格古朴典雅、气势恢宏，具有很高的历史和艺术价值。平面布局由南向北沿中轴线依次是围墙、天井、仪门、戏台、大天井、泛轩、正厅、后天井、后宫等，是一座封闭式的三进院落，如图 3.34 所示。宁海城隍庙古戏台屋顶犹如展翅欲飞的雄鹰，如图 3.35 所示，其上的藻井更是螺旋式藻井的代表作，如图 3.36 所示。

图 3.34　宁海城隍庙航拍照

图 3.35　宁海城隍庙古戏台屋顶

图 3.36　宁海城隍庙古戏台螺旋式藻井细部

3.4.3　市井戏台

市井戏台属公共戏台，常建在乡村或街边的空阔之地，是供过往行人观赏表演的场所。市井戏台为开敞式建筑，戏台前设有宽阔的广场，可容纳数百人乃至数千人。此外，百姓日常也喜欢到附近茶馆、酒楼、戏院等处去休闲娱乐，这就使市井戏台具有一定的群众性。随着商业经济的发展，市井戏台逐渐演变为集市中固定的演出场所。市井戏台受其所处环境、修建时财力等因素的影响，有的恢宏华贵，有的简洁质朴。

宁海仅存的市井戏台为茶院乡的柘浦街村街边古戏台。柘浦街村历史悠久，曾是象山县通往宁海县的必经之路，昔日有客栈、餐馆、南北果品店以及油盐米布店等。随着时代变迁，这些商铺逐渐消失，而街边古戏台却保留了下来，成为当地历史文化的重要见证。现存的柘浦街村街边古戏台（图 3.37）是清咸丰九年（公元 1859 年）兴建，1962 年重新修缮。戏台临街而建，坐南朝北，歇山顶。戏台面宽 4.8 米，进深 3.5 米，高 1.4 米。戏台

图 3.37　柘浦街村街边古戏台

共八柱支撑，前面是四根石柱，后面是四根木柱，柱子之间用榫卯结构连接。戏台前面的两根长石柱上圆下方，刻有楹联一副，上书“事业勋名于今为烈，衣冠人物亘古常昭”，以彰显戏台文化。两根方形的短石柱支撑着戏台，柱头雕刻着一对栩栩如生的石狮（图 3.38）。戏台不设藻井，屋顶裸露的木构件展现结构之美，如图 3.39 所示。戏台北侧有一幢单檐硬山顶建筑，演戏时作为扮戏房。柘浦街村街边古戏台虽然比不上岙胡村胡氏宗祠、石家村崇兴庙等建筑精美，但是作为市井戏台却具有典型性。柘浦街村街边古戏台于 2003 年 3 月被宁海县列为县级文物保护点。

图 3.38　石狮

图 3.39　戏台屋顶裸露的木构件

第4章

宁海古戏台建筑群的基本形制与空间形态

由于宁海地处偏远，古代交通不便，因此古戏台建筑得以更好地保留和传承。古戏台建筑源远流长，与当地百姓紧密相连，不仅反映了当时的社会经济状况和人们的生活水平，更是历史的见证。通过调查发现，宁海附设戏台的祠堂建筑、庙宇建筑的形制极为相似，大多数是独立的单进四合院，整体呈回字形布局。沿建筑的中轴线依次为仪门、戏台、天井和正殿，而轴线两侧的厢房则作为看楼之用，布局严谨有序，风格古朴典雅。戏台多呈凸字形，主要的看戏空间包括正殿、天井和看楼，而仪门则与戏台融为一体，为演员化妆或乐队伴奏提供了宽敞的空间。正殿是整个建筑群中地位最为尊贵的部分，戏台恰好正对正殿，达到敬神娱人的目的，这在一定程度上推动了祠庙建筑的兴起和繁荣。

4.1
空间形态

在中国古代礼制建筑的空间形态中，存在以对称为特征的轴线结构形式，组织方式简洁明了，具有高度的规范性。空间关系的等级秩序感与整齐匀称的美感相得益彰，散发着独特的吸引力。紫禁城是我国现存规模最大的礼制建筑，以中轴线贯穿整个建筑群，布局严谨有序，气势恢宏壮丽，如图 4.1、图 4.2 所示。它不仅体现了封建皇权至上的思想，也反映出中华民族文化心理上崇尚和谐统一的思想，堪称举世无双的建筑奇观。

祠庙建筑及其他礼制建筑因其规模不同，通常由多个独立的建筑、围廊、围墙环绕形成一个或多个庭院。建筑、围廊和围墙之间形成了一种相互渗透、相互依存的关系，它们

图 4.1　紫禁城航拍照

图 4.2　紫禁城平面图

共同构成了一个有机的建筑群。建筑群呈现出错落有致的空间布局，层层递进，呈现一种紧凑有序的美感。正如宋代冯延巳和欧阳修《蝶恋花》所描述的“庭院深深深几许，杨柳堆烟，帘幕无重数”场景。经过实地考察，明清时期的宁海古戏台建筑群中除柘浦街村街边古戏台外，其余均为戏台与祠堂、戏台与庙宇相结合的四合院。正殿三开间或五开间，厢房三开间或三开间带一弄，仪门三开间或五开间，戏台一开间，部分戏台采用勾连廊形式与正殿连接。外部环境被建筑两侧的风火墙和后墙所隔离，部分建筑的风火墙采用观音兜形式。

儒家思想已经渗透到封建社会的方方面面，特别是在礼制建筑中，儒家文化所倡导的宗法制度和等级制度得到了充分的体现。儒家“天人合一”的哲学思想对礼制建筑有着深远的影响。中国古代礼制建筑的空间布局也深受儒家思想的影响，以中为贵的思想贯穿宫殿、庙宇、祠堂、书院、宅院等建筑布局之中，成为我国古代建筑艺术中最重要的特点之一。中轴线不仅决定了整个建筑的空间序列，而且还决定了各种功能和形式之间的相互联系与制约。祠庙建筑的中轴线的空间布局依次为仪门、戏台、天井和正殿，如图 4.3 所示。位于中轴线末端的正殿是四合院最为重要的组成要素，其内部供奉着神龛、神位或神灵塑像，是整个建筑群中面积最大、级别最高的部分。戏台与正殿相对，两侧厢房常作为看楼分设于中轴线的两侧，这样就形成了井然有序、庄重整齐的建筑布局。在整个平面构成过程中，要考虑中轴线对院落空间的限制以及各部分之间的联系和协调，以确保空间的完整性和稳定性。

图 4.3　祠庙建筑的中轴线的空间布局

根据对宁海古戏台建筑群的现场调研，发现祠庙建筑中绝大多数的正殿坐北朝南，戏台坐南朝北。尽管有个别建筑因地形地貌的缘故呈现出偏东或偏西，但总体而言，它们仍然保持着南北朝向的空间格局。在营造之初，有些建筑因为受风水选址的影响导致朝向的变化，使这些古建筑的历史文化价值得到了更加丰富的体现，同时彰显了古代民众朴素而又严谨的设计思想。马岙村的村庄选址与建设，符合传统风水观念中的负阴抱阳、藏风聚气的要求，是天人合一的经典范例，也是风水文化与中国古代传统科学规划理念的有机结合。但马岙村俞氏宗祠沿水系布置，布局紧凑合理，平面为长方形，中轴线呈东西朝向，如图 4.4、图 4.5 所示。

在中华传统文化中，常以北为尊，朝南向的建筑易获得充足的阳光照射，因此正殿也就自然而然地选择了坐北朝南。而戏台是为了祭祀神灵或祖先，必然坐南朝北。以戏台为中心的观演空间和以正殿为中心的祭祀空间形成了祠庙建筑空间体验上的内和外、闹和静、开放和封闭的对比。

图 4.4　马岙村俞氏宗祠总平面图

图 4.5　马岙村俞氏宗祠航拍照

4.2 平面布局

宁海古戏台建筑的平面布局大多数是伸出式的凸字形平面，部分采用勾连廊的平面布局。

1. 凸字形平面的戏台

凸字形平面的戏台属于三面凌空、一面和仪门相连。仪门和戏台合二为一，既可以节省建筑占地面积，又可以拓展天井面积。凸字形平面的戏台不仅能满足人们欣赏戏曲的需要，还具有很高的观赏性与实用性。凸字形平面从空间形态上强调戏台的演出空间，进一步优化了观赏空间。凸字形平面减少了传统剧场对观众席两侧墙面的遮挡，演员在演出时能面向更多的观众，同时也使舞台更加通透、敞亮。

凸字形戏台的台柱与门厅明间金柱用枋相连，戏台与仪门屋面并肩合接，后方翼角构筑同前方一样，其挑角伸入门厅屋盖上，形成上下重叠之势，增强整体美感，丰富立面形象。戏台突出屋檐造型及装饰手法，营造出庄严稳重的风格，显露立体感和层次感。同时戏台屋顶较仪门略高，但低于正殿，形成了错落有致的艺术效果，也突出了正殿的地位。

宁海古戏台建筑群中呈凸字形平面布局的戏台共有 111 座，约占 88.8%。它们分布在全县各主要乡镇。峡山村尤氏宗祠古戏台、五松坑村朱氏宗祠古戏台、姜家村姜氏宗祠古戏台、岭下村胡氏宗祠古戏台等都是凸字形平面戏台。岭下村胡氏宗祠沿建筑中轴线依次为仪门、戏台、正殿，东、西厢房分列两边，如图 4.6 所示。正殿为单檐平房，硬山顶，面宽五开间。东、西厢房均为单檐楼房，硬山顶，面宽三开间。古戏台平面呈凸字形，如图 4.7 所示。枋头交接处用丁头拱和雀替承托。仪门为单檐楼房，硬山顶，面宽三开间，中为正门。岭下村胡氏宗祠古戏台是典型的凸字形平面的戏台形式，其建筑艺术特色具有一定的历史价值。

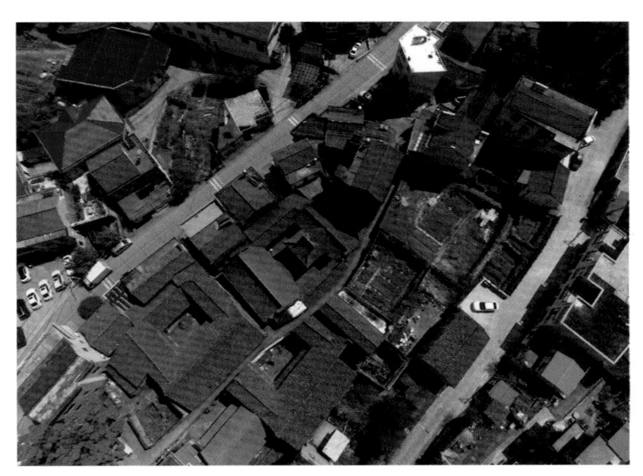
图 4.6　岭下村胡氏宗祠航拍照

图 4.7　岭下村胡氏宗祠古戏台

2. 勾连廊布局的戏台

勾连廊布局的戏台就是戏台向正殿方向凸出，戏台屋顶则向正殿延伸或者与正殿相接。勾连廊有两开间和三开间（如图 4.8 所示的涨家溪村金氏宗祠二开间勾连廊）之分，并分别装饰着二连贯式藻井、三连贯式藻井，增强了实用性和艺术性，使整个建筑群显得更加协调统一。戏台前的观众区从露天变成了室内，让廊下观众看戏时无须担忧恶劣天气的影响，此处自然成了最佳的观赏区域，如图 4.9 所示。

图 4.8　涨家溪村金氏宗祠二开间勾连廊

图 4.9　勾连廊戏台的观赏区域

从数量上看，宁海古戏台中设勾连廊布局的戏台共有 13 座，占 10.4%。其中西店镇共有 4 座，即石家村崇兴庙古戏台、溪头村南保庙古戏台、礼村刘氏宗祠古戏台、樟树村孙氏宗祠古戏台；桥头胡街道共有 2 座，分别是涨家溪村金氏宗祠古戏台、潘家岙村潘氏宗祠古戏台；深甽镇共有 3 座，分别是长洋村郭氏宗祠古戏台，大蔡村胡氏宗祠古戏台、梁坑村潘氏宗祠古戏台；梅林街道 1 座，即岙胡村胡氏宗祠古戏台；强蛟镇共有 3 座，分别是加爵科村林氏宗祠古戏台、下浦村魏氏宗祠古戏台、薛岙村薛氏宗祠古戏台（图 4.10、图 4.11）。

图 4.10　薛岙村薛氏宗祠勾连廊

图 4.11　薛岙村薛氏宗祠航拍照

4.3 表演空间

戏台空间被隔断或屏风划分成两个部分，前半部分为演出空间（戏台），后半部分则利用仪门二楼空间作为后台，供演员化妆、换装、候场以及储存戏服和道具之用，也被称为扮戏房。由于戏台与仪门连成整体，两者之间高差约一米，仪门二层设短楼梯连通戏台。戏台的“出将”和“入相”处也各设一部短楼梯通至一层地面。有些祠庙建筑不设戏台通往地面的固定楼梯，待演出时在戏台附近加设活动木楼梯，这种空间格局既节省了占地面积，又拓展了戏曲活动的空间。

4.3.1　戏台

戏曲以演出为中心元素，而专属于戏曲演员演出的地方便是戏台。戏台是戏剧活动中最重要也最关键的场所，其主要作用在于供演员表演、观众欣赏和交流。在舞台上，演员们演绎着一幕幕“这般花花草草由人恋，生生死死随人愿，便酸酸楚楚无人怨”的戏曲故事。由于剧情需要，戏台的尺寸必须满足演员们的基本表演需求。为了创造一个更符合戏曲表演的空间环境，戏台上常常会布置与剧目相对应的道具，以达到更佳的演出效果。戏曲表演者在舞台上必须具备一定的肢体语言，通过面部表情、手势动作等方式表现人物内心情感和性格的变化，巧妙地运用“四功五法”，从而赋予戏曲表演强大的艺术表现力，因此演出空间不应过于狭窄。当观众欣赏戏曲时，与演员进行目光和情感的交流是至关重要的，这样才能更容易地沉浸在演员表演所呈现的故事情节中，同时也能更深刻地理解演员所传递的思想和情感，从而提升观赏戏曲时的享受。

宁海古戏台（如图 4.12 所示的五松坑村朱氏宗祠古戏台）建筑群的戏台台面形状通常为矩形或接近正方形，其空间利用率极高，能够更好地满足戏曲表演的需求。通过对宁海古戏台建筑群的调研，戏台开间及进深基本在 4～5.5 米。若戏台为矩形平面，则其长边应朝向正殿，如图 4.13 所示的清潭村双枝庙古戏台。通过增大戏台面宽，可有效减小戏台侧面的观赏空间，进而扩大戏台正面观众厅的面积，从而使观众厅的布局和观众视线更加合理。

图 4.12　五松坑村朱氏宗祠古戏台

图 4.13　清潭村双枝庙古戏台

戏台和扮戏房之间的连接，是通过隔断或屏风两侧的上下场门实现的，也称为“出将”和“入相”，如图 4.14 所示。通常情况下，演员会从左侧的上场门进入舞台。演出结束后，他们会从右侧的下场门进入后台，以示演出的结束。每一次演员的上场和下场，都是戏曲表演中时间和空间的演变、人物关系的错综复杂以及戏文内容丰富多样的体现。在戏曲表演中，上场门和下场门上常常悬挂着垂帘，这种设计不仅方便演员上下场，还能有效遮挡

图 4.14　“出将”和“入相”

图 4.15　扮戏房的短楼梯

观众视线，从而保证后台的私密性。因此，常安排专人负责掀垂帘。由于戏台三面凌空，会设置低矮的栏杆围护，这样既分隔了表演空间和观看空间，又可防止演员在表演时坠下舞台。

4.3.2　扮戏房

作为戏曲表演的幕后场所和准备空间，扮戏房扮演着不可或缺的角色。在此空间内，表演者不仅能够储存戏曲表演所需要的演出器具，如衣物、胡须、彩匣子等，而且还能够进行化妆、更衣和休息，可以说这个空间比演出空间更具有生活气息。宁海古戏台建筑群的戏台通常采用屏风或隔断来划分戏台和扮戏房，以实现上下场门的连通。通过隔断或屏风后的短楼梯（图 4.15）通至仪门二楼，此处就是扮戏房，平面呈长方形，约五开间。为了方便下部空间的通行，扮戏房的楼面高度通常在 2.5～2.7 米。扮戏房内空间宽敞，朝向天井一侧设木格扇窗以供采光和通风，演员在演出前可以透过这些格扇的镂空处观察台下观众的情绪变化，从而调整自己的演出状态。部分祠庙建筑的后台楼梯比较狭小，而戏曲演出时道具数量多而且尺寸较大，则需借助两侧厢房的楼梯将其搬运至二楼，再通过厢房二层与扮戏房之间的门抵达指定场地。

4.3.3　声学空间

戏曲是一门融合了文学、音乐、舞蹈、美术、武术、杂技和表演等多种元素的综合性舞台艺术，而其中最为重要的环节是唱。戏曲演员在演出中运用声音技巧来表达情感，塑造人物形象，传递戏曲信息，尤其是那些富有表现力的唱段更是必不可少的重要环节。戏曲演员多变的唱腔和戏台声学空间的紧密结合，共同营造出令人陶醉的听觉感受。

从形制来看，宁海祠庙建筑的古戏台并没有在台口处设置八字形墙体，所以从舞台到观看区都是一个开放式的空间结构。古戏台的面积为 16～25 平方米，演出空间尺度不大，通常在戏台侧面临时搭设平台作为伴奏场地。戏曲音乐主要由鼓乐和吹奏乐器构成，也有少量打击乐器。通常情况下，戏班一般要安排 4～8 个乐师组成乐队进行伴奏。演出时，随着音乐旋律节奏的变化，舞台上的演员跟着节奏吟唱着曲调、变换着身位，以满足不同角色的需要。乐师们及时观察舞台的表演进度，同时根据演员演唱时的节拍和情绪来调整演奏力度及音色，以便达到最完美的演出效果。

从声学角度分析古戏台发现，戏台的藻井、台板和前后场的隔断共同作用来反射演员声音，使其通过建筑自身达到较好的音响效果。演出场所呈现的音质效果和周边建筑密不可分。若在空旷的场地演唱，声音便会四处飘散，导致观众不能专注于舞台中央发生的各种变化，同时也容易受到周围干扰性声源的影响，从而影响演员的表现和观众的赏戏体验。祠庙建筑常用高大的围墙和建筑围合而成，封闭性强，很容易产生耦合声场，对音质有明显提升，增强庭院内的混响感。作为整个建筑群核心的戏台，戏台上的演员演唱时发出的声波向四周扩散，通过建筑、围墙、地面、天井等产生的反射又回到戏台，进一步提升了音质效果。

前童大祠堂古戏台因进行了改造，所以在形制上与传统古戏台有所不同。它的面宽相比于其他古戏台大，伴奏台和舞台相结合，如图 4.16 所示。演出时，演员集中在舞台的中心展开精彩的表演，3～6 个乐师会出现在舞台的一侧，并以文场的管弦乐或武场的打击乐的形式与演员共同完成戏曲表演，互相协作。乐队与情节的发展和角色的变化相协调，在烘托气氛的同时服务于该剧角色的情感表达。观众也从乐师的演奏中可以更加直观地感受到戏文所要表现出的思想内涵及艺术魅力。

图 4.16　伴奏台和舞台相结合的前童大祠堂古戏台

4.4 观演空间

观演空间是观众在观赏戏曲表演时所处场地空间的总称。由于礼制建筑的形制，宁海古戏台的观演空间主要位于正殿、天井和看楼。为了让神灵更好地欣赏戏曲，一般南为戏台，北为正殿，戏台台口面对正殿。天井是主要的观演区，观戏人群多站着观看。看楼是隔开男女的观演区。天井是开放的露天观演空间，看楼与正殿则是半室内的观演空间。

4.4.1　正殿

正殿是祠堂或庙宇建筑中最重要的部分，位于戏台的正前方。正殿是“神”的空间，后来演变为“人”的空间，是重要的观演空间。就建筑而言，它的体量是最大的，空间是最宽阔的，规格等级是最高的。整个建筑布置紧凑、对称，布局严谨而富有变化。按照形制，传统建筑开间面宽不等，明间最宽，次间次之，稍间再次之。梁思成撰写的《清式营造则例》中提及：“（面宽）按斗栱定，明间按空当七份，次稍间各递减斗栱空当一份。如无斗栱歇山庑殿顶，明间按柱高六分之一，核五寸止；次稍间递减，各按明间八分之一，核五寸止。或临期看地势酌定。”

宁海祠庙建筑的正殿通常采用三开间或五开间，其平面形状为长方形。正殿明间宽度为 4～5 米，次间和稍间的宽度则为 3～4 米，进深为 9～12 米。正殿两侧山墙、后墙不开设任何窗扇，偶有后墙设狭小的门洞通向后院，朝向戏台的一侧呈敞开式，因此正殿属于半封闭空间，如图 4.17 所示的前金村皇封庙正殿。宁海城隍庙与此形式有差异，由于戏台和正殿之间设置了一座华丽的轩厅，正殿朝南的一侧墙体则设置了一排高大的隔扇门，为建筑增添了别样的气息。宁海古戏台的台面高度为 1.2～1.6 米，而正殿则较戏台地面高出 30～70 厘米。正殿神像都设有座台，座台上的神像高度略高于戏台上演员的高度。如果以视线方向与该物像平行作为观察物的水平位置时，其观察者可达到最大程度的垂直和倾斜视差，从而获得最佳的视觉效果。外岙村叶氏宗祠古戏台的台面高出地面约 1.5 米，演员头顶离地面总高度约 3.2 米，正殿内神像眼睛离地面高度略高于戏台演员的头顶高度。从自然状态来看，不需要低头举目就能将舞台上的演员一览无余。观众站在大殿或是天井，都挡不住神像的视线。由此可见，古代祠庙建筑中观赏区和演出区的空间设计准确到位，呈现出最佳视觉效果，在一定程度上也可以视为对神灵的敬畏、对祖先的崇敬，是传统礼仪的体现。

由于正殿为半封闭的三面围合空间，因此观赏戏曲时不会受到任何气候因素的干扰，同时享有优越的采光条件，为观众提供最佳的观赏环境，如图 4.18 所示的峡山村尤氏宗祠正殿。正是由于正殿作为核心建筑的地位及提供的舒适观演环境，因此常供族长或族内德高望重的人观戏时使用。

图 4.17　前金村皇封庙正殿

图 4.18　峡山村尤氏宗祠正殿

4.4.2 天井

唐代李绰在《尚书故实》中记载："章仇兼琼镇蜀日，佛寺设大会，百戏在庭。有十岁童舞于竿杪。"可见当时民间庙会戏曲演出非常盛行。

图 4.19 鹅卵石铺设的天井地面

宁海祠庙建筑的天井围绕戏台来设置，主要为戏台两侧的天井和台前空间。当戏台为勾连廊平面布局时，观演空间为半封闭空间。当祠庙建筑形制等级较高时，天井尺度宽大开敞。当祠庙建筑的形制等级较低时，天井往往也较为窄小。因此，祠庙建筑的规模、类型和等级是决定天井尺寸的关键因素。在戏曲演出的时候，观众自行备带坐凳，位置也是自由选择的。观众较多时，人们只能站立看戏。天井地面常铺设花岗岩或鹅卵石（图 4.19），牢固耐磨、不易打滑、泄水性能好。部分年代久远的祠庙建筑天井内，偶有小草从鹅卵石的缝隙中生长出来，别有一番景色。

尽管戏曲表演时，天井内的观众人数较多，显得拥挤，但由于天井具有良好的通风条件，因此仍然保持着良好的空气质量。如果在白天演出，无须借助任何照明设备，演员和观众都能获得较好的光线。但是凸字形平面的戏台只适用于天气情况比较好的时候演出，如果遇到雨雪、大风等因素的干扰，对戏曲活动的开展还是有一定影响。为了解决这些问题，部分祠庙建筑在修建时采用勾连廊形式的戏台。勾连廊作为一种特殊的空间结构，将戏台与正殿巧妙地连接起来，既有很强的天气适应能力，又能使廊下空间成为绝佳的观赏区域。

4.4.3 看楼

祠庙建筑中轴线两侧的建筑称为厢房、厢楼或配殿，是合院建筑的重要组成部分，其实际作用是在戏曲表演中作为看楼。宁海祠庙建筑的看楼通常为三开间，仅宁海城隍庙为五开间，看楼的次间设一部楼梯通至二楼。有些祠庙建筑的看楼为三开间带一弄，弄内设一部楼梯。楼梯较窄，宽度在 1 米左右，有些祠堂在楼梯处加设木门，方便管理。看楼的开间比正殿小，一般为 2.7～3.6 米。看楼一层呈敞开式，仅通过略高于天井的台基来划分空间，如图 4.20 所示的柘坑戴村永丰庙看楼。有些祠庙建筑的看楼一层设高约 1 米的木槛墙或石槛墙，起到隔绝和围护的作用，如图 4.21 所示的大蔡村金氏宗祠看楼。看楼一层主要供男子看戏使用，二层主要供女子和儿童观戏，朝天井一侧设高约 0.8 米的栏板或栏杆。部分看楼内的楼面呈阶梯状，更好地解决了视线的遮挡问题。

图 4.20　柘坑戴村永丰庙看楼

图 4.21　大蔡村金氏宗祠看楼

看楼满足了“演戏娱人”的需求，既有实用效果又有整肃观演秩序的作用。看楼增加了观看空间，同时在楼上看戏也能达到很好的视听效果，实现了戏曲观演的立体化。看楼也实现男女观众分隔和满足妇女儿童观戏的需要。由于在祠庙建筑内看戏时，传统礼制认为男女混杂有悖伦理，因此必须设置专门的观看场所来约束妇女。民国徐珂汇编的《清稗类钞》中记载：“道光时，京师戏园演剧，妇女皆可往观，惟须在楼上尔。”这说明了当时的戏园已设置了专门供妇女观看的区域。

第5章

宁海古戏台建筑群的形式和特色

北宋喻皓的《木经》是中国最早研究木结构建筑的著作，书中记载："凡屋有三分，自梁以上为上分，地以上为中分，阶为下分。"古戏台是集楼阁的台基、殿宇的梁架、亭子的屋盖于一体的建筑物。由此可见，下分为台基，中分是梁架，上分就是屋盖。

5.1 台基

台基是建筑的底座，它是木结构建筑最重要的组成部分。台基关系到建筑整体结构的稳定性和抗震能力，因此古代工匠都非常重视台基的设计与施工。台基地面以下的部分称埋头。为确保建筑物坚固，埋头部位的台柱下为石磉墩，其他部分为夯土。台基露出地表部分称为台明。戏台的台明由木构架组成空间结构，加上屋顶，便形成一个完整的演出环境。

宁海古戏台建筑群的戏台台明高度与仪门地面相平，一般高出天井15～20厘米。有些台明的四周铺设一圈石板，中间为夯土地坪或鹅卵石地面，有些戏台下地面满铺石板，如图5.1所示的下浦村魏氏宗祠古戏台的台明。西汉戴圣所编的《礼记·礼器篇》记载："有以高为贵者，天子之堂九尺，诸侯七尺，大夫五尺，士三尺。天子、诸侯台门，此以高为贵也。"宋代李诫编著的《营造法式》第三卷中记载："立基之制，其高与材五倍，如

图5.1　下浦村魏氏宗祠古戏台的台明

东西广者又加五分至十分，若殿堂中庭修广者，量其位置，随意加高，所加虽高，不过与材六倍。”可见台基的高度和规格受到礼制的制约，同时又要保证戏台各个部分之间的适当比例，且与舞台空间相协调，以确保观众获得最佳的视觉效果。

5.1.1 台柱

台柱是承托戏台的台面板和上部梁架、屋顶的构件，起到支撑作用。台柱多数是木制的，也有少量石制的，表面无装饰图案。有些戏台在台柱上悬挂或写有具有教化作用的楹联。台板下木柱因年代久远，日晒雨淋，部分木柱会有腐烂和变形。这些都影响着台柱与台板的结构强度及寿命，必须加以修复或加固。台柱必须根据屋顶、台面的荷载要求，选择适宜的台柱断面形状和尺寸。

图 5.2 宁海城隍庙古戏台铁质台柱

宁海古戏台建筑群的戏台台柱断面形状大多数为圆形，个别戏台采用方形。圆形台柱直径 25～30 厘米，方形台柱断面尺寸 20～25 厘米。为了扩大可视面，宁海城隍庙古戏台面向观众一侧的两根台柱在民国时期已换成铁柱，如图 5.2 所示。戏台除了四角有台柱，还会增加数根加强承重的短柱，防止台面板下的木梁受弯变形。

5.1.2 台面

台面是由 4～10 根长短柱承托形成的戏台平面，底部架空。通常情况下，在制作台面时，选用宽度一般为 15～20 厘米、厚度一般为 2～3 厘米的木板进行铺设。为了确保观众在观看演出时不会受到任何遮挡，演出台面的高度被控制在 1.2～1.6 米。由于增加了台面高度，戏台自然而然地成为了视觉焦点。高高的戏台能让戏台上的演员有足够大的视野范围来观察戏台下的观众的反应和情绪。

5.1.3 栏板

由于台面较高，通常会在台面的前沿和两侧设置一排低矮的木制栏杆或栏板。镂空的栏板的高度约为 30 厘米，断面呈弧线形，造型与美人靠相似。栏板的高度和形式既考虑了演员的安全，又兼顾了观众的可视性和戏台的美观性。

宁海城隍庙古戏台前栏板有一个宽约 1.5 米的开口，如图 5.3 所示，称为戏台口或戏台门，栏杆上面刻有各种图案纹样。戏台口两侧的望柱上雕刻着一对面面相对的小狮子，显得威严而又神秘，有镇台辟邪之意，如图 5.4 所示。清潭村双枝庙古戏台的台面四周围以几何图案栏杆，镶嵌着各类栏板，雕刻着人物故事、花鸟鱼虫、吉祥文字图案，具有浓郁的乡土气息和浓厚的宗教色彩，如图 5.5、图 5.6 所示。岙胡村胡氏宗祠古戏台高约 1.2 米，因此没有设置栏板，整个戏台仅有戏台板。石家村崇兴庙古戏台的栏板已重新维修，选用的是绘有牡丹式样的浅浮雕，精雕细琢、惟妙惟肖。

图 5.3　宁海城隍庙古戏台的栏板开口

图 5.4　宁海城隍庙古戏台望柱上的小狮子

图 5.5　清潭村双枝庙古戏台栏板的图案

图 5.6　清潭村双枝庙古戏台栏板

5.1.4　柱础

宁海地处亚热带季风性湿润气候区，雨水充沛，尤其在每年的梅雨季节，绵绵细雨常常持续很久。由于空气湿度大，温度高，使得霉菌大量繁殖生长，加速了木材的腐蚀。与此同时，浙东沿海一带常受到台风的影响，降雨集中、历时长，易造成洪涝灾害。这些不利的气候条件对传统木结构建筑带来很大的威胁，也给传统建筑的保护工作提出了新课题。为了避免木柱与潮湿的地面直接接触，在木柱底部设置石柱础。为了实现建筑形式上的统一，有些建筑在石柱下面也会放置石柱础。石柱础承受上部柱子、梁架及屋顶荷载，并将竖向荷载传到地基。

宋代李诫所著的《营造法式》中记载："柱底与磉石间之石础，因其有花纹与否，而有花、素鼓磴之分。""造柱础之制，其方倍柱之径，谓柱径二尺即础方四尺之类。方一尺四寸以下者，每方一尺厚八寸，方三尺以上者，厚减方之半；方四尺以上者，以厚三尺为率。""其所造花纹制度有十一品：一曰海石榴花；二曰宝相花；三曰牡丹花；四曰蕙草；五曰方纹；六曰水浪；七曰宝山；八曰宝阶；九曰铺地莲花；十曰仰覆莲花；十一曰宝装莲花。或于花纹之间，间以龙、凤、狮兽以及化生之类者，随其所宜分布用之。"到了清代，对柱础的样式和装饰有了更严格的要求，并形成一套完整的技术工艺体系。清工部的《工程做法则例》详细列出了柱础的制作方法："凡柱顶以柱径加倍定尺寸。如柱径七寸，得柱顶石见方一尺四寸。以见方尺寸折半定厚，得厚七寸。上面落古镜，按本身见方尺寸内每尺得六寸五分，为古镜圆的直径。古镜高按见方尺寸，每尺做高一寸五分。"

柱础是我国传统建筑重要的构件，不仅具有实用意义而且还有审美价值。通过对宁海县 125 座古戏台建筑调查发现，当地的柱础重在实用。柱础以圆形、鼓形柱础为主，也有方形柱础，如图 5.7 所示。戏台、看楼和仪门的柱础都比较朴素，表面通常没有雕刻花纹图案。正殿是建筑群中规格最高的部分，其柱础尺寸也往往比较大，部分柱础雕刻着卷草纹、回纹等装饰图案。前金村皇封庙的正殿盘龙纹石柱和柱础更是精美，如图 5.8 所示。

图 5.7　方形柱础

图 5.8　前金村皇封庙的正殿盘龙纹石柱和柱础

5.2
梁架

宁海古戏台建筑群不仅具有较高的艺术水平，而且在建筑造型上别具一格，体现出鲜明的地方特色与时代特征，是不可多得的优秀木结构建筑遗存。

5.2.1　木构件

图 5.9　古戏台屋顶“发戗”

1. 檩条、椽子

檩条是架设在梁端部的水平构件，它的作用就是把椽子直接固定住，并将屋顶荷载通过梁往下传。椽子是屋面基层的最底层构件，垂直安放在檩条之上。屋面基层是承接屋面瓦作的木基础层，它由椽子、望板、飞椽、连檐、瓦口等构件组成。按照位置分为停椽、花架椽、出檐椽、飞椽等。椽子供铺盖砖皮、瓦片之用，在靠近屋檐部称“檐柱”，在檐角翘起的木构件称“发戗”，如图 5.9 所示。

2. 梁、枋

梁、枋都是木结构建筑的横向构件，它们各自承担着不同的作用。梁是置于前后金柱或是置于金柱与檐柱之间的横木，与建筑的横断面方向一致。枋是置于檐柱与檐柱之间，或是金柱与金柱之间，或是脊柱与脊柱之间的横木，与建筑的正立面方向一致。枋起到柱子间的连接与稳定作用，常与梁、檩条一起架设。枋因位置的不同，主要分为额枋、金枋、脊枋等。

3. 斗拱、雀替

斗拱位于立柱与横梁的相交处，常用于出挑多、规模大的建筑，如宫殿、庙宇、祠堂、戏台等。从柱顶探出的弓形肘木叫拱，拱与拱之间的方形垫木叫斗，斜置长木叫昂，总称斗拱。斗拱是我国古建筑中特有的结构形式。屋面及上层木构架的荷载通过斗拱传递给柱子，又从柱子传至基础上，所以斗拱起到承上启下、传递荷载的功能。有的斗拱在昂头处雕刻成花蕊形，当地人称花拱，如图 5.10 所示的下浦村魏式宗祠古戏台屋顶斗拱。斗拱层层向外出挑，使建筑物出檐更加深远，增加了屋檐下的使用空间。宋代以后木构架开间加大，柱身加高，木构架节点上所用的斗栱逐渐减少。元明清柱头间使用了额枋和随梁枋等，木构架的整体性加强，斗拱变小。后来梁直接放置在柱头，斗拱成为了装饰构件。

传统建筑的木构架是主要承重体系，抗震性能十分重要。由于斗拱采用榫卯结构，构架节点是柔性连接。当遇到强烈地震时，榫卯组合空间结构可以消耗掉来自地震的能量，降低地震给建筑物造成的损失，也就有了“墙倒屋不塌”之说。

图 5.10　下浦村魏氏宗祠古戏台屋顶斗拱

雀替原是放在柱子上端用来与柱子共同承受上部压力的构件，处于梁与柱的交接处（图 5.11）或枋与柱的交接处，具有一定的承重作用。雀替还可以减小梁、枋的跨距或是增强梁端部的抗剪能力，同时也起到装饰作用。

宋代称雀替为角替，清代称为雀替，又称为插角或托木。宋元时期较为盛行楮头绰幕和蝉肚绰幕，元代以后雀替纹饰逐渐丰富。雀替在明代以后普遍采用，构图更加变化多端。明代的云头纹样、卷草纹样到清中期的龙、凤、仙鹤、花鸟、花篮、金蟾等纹样，图案造型优美，生动逼真，如图 5.12 所示的加爵科村林氏宗祠雀替上的纹样。到了清代，雀替失去了原有的承重作用，演变成纯粹的装饰构件。

图 5.11　梁与柱交接处的雀替

图 5.12　加爵科村林氏宗祠雀替上的纹样

5.2.2　梁架结构

在中国传统木构建筑中，木材一直是最主要的建筑材料。但由于木结构本身有一定的缺点，易遭虫蛀或着火损毁，能够较好地保存至今非常难得。通过将立柱和梁、枋巧妙地组合形成的木构架，具有结构简单、质量轻、强度高的特点，而墙体仅起到围护和分隔的作用。

通过调研发现，宁海古戏台建筑群普遍采用的木构架结构有抬梁式、穿斗式、抬梁穿

图 5.13　马岙村俞氏宗祠正殿抬梁式木构架

斗混合式三个类型，正殿的主要立柱较为粗壮，直径 0.35～0.5 米，其他木柱比较纤细，直径为 0.2～0.3 米。

1. 抬梁式木构架结构

抬梁式木构架结构在宫殿、庙宇等大型建筑中普遍采用。这种结构的特点是柱上承梁、梁上承檩条、檩条上铺椽子，形成一榀屋架；再利用连梁拉接，形成整体空间框架，屋面的荷载通过梁传递到柱子上。这种结构具有较好的稳定性和整体性，如图 5.13 所示的马岙村俞氏宗祠正殿抬梁式木构架。由于梁的受力较大，因此梁的材料选用要求高，同时用材量也大。檩条的作用不仅在于加强梁架间水平方向的衔接，同时也承担着椽子、瓦片所带来的荷载。抬梁式木构架结构可得到更大的室内空间，满足了室内环境的较高要求。由于柱、梁、檩条逐层叠加，抬梁式木构架结构的各部位构件的压力是层层叠加的，因而其受力体系相比于一般结构复杂。

2. 穿斗式木构架结构

穿斗式木构架结构的特点是柱子直接承檩条，在建筑进深的方向上用枋木进行横向拉接，形成一榀屋架，屋面的荷载通过檩条直接传递到柱子上。枋在穿斗式木构架中起到穿插柱子的作用，不是竖向受力构件。与抬梁式木构架结构相比，穿斗式木构架结构的整体稳定性更为优越，结构更简单，造价更低。穿斗式木构架上的连接构件都是独立存在的，构件的关联性小，横向连接构件与立柱穿插时，将所受压力逐步分解。从木构架结构的适应性上看，穿斗式木构架结构比抬梁式木构架结构更为灵活。这种灵活的适应性在一定程度上体现出穿斗式木构架结构的木构件的相对独立性。因柱距很小，它所构成的空间并没有抬梁式木构架建筑那么大，梁、柱用材尺寸小、成本低。因而穿斗式木构架结构具有良好的适用性和经济性，主要应用于传统民居建筑。

3. 抬梁穿斗混合式木构架结构

浙东传统建筑大多为抬梁穿斗混合式木构架结构，这种结构既可以充分利用房屋本身的内部空间，又具有较好的抗震性能，对改善室内使用环境起到了重要作用。在抬梁穿斗混合式木构架结构建筑中，常采用抬梁式木构架结构来扩大室内空间，尤其是在祠庙建筑的正殿和民居建筑的厅堂等重要部位。而在正殿、厅堂两侧山墙或者次要的房间采用穿斗式木构架结构，可以增强其抗风性能并降低成本，如图 5.14 所示的涨家溪村金氏宗祠正殿的穿斗式木构架结构。因此，研究此类古建筑的受力机理及构造措施就显得尤为重要。宁海县 125 座古戏台建筑也不例外，它们的结构体系充分反映出抬梁穿斗混合式木构架结构的特点。

抬梁穿斗混合式木构架结构主要有以下特点：①兼具抬梁式和穿斗式木构架的结构优

点。祠庙建筑不仅要满足基本使用功能，还要表达出某种特定的文化内涵和精神气质。此类建筑常需要有威严肃穆的场景气氛，或者需要一定规模的空间，因此以抬梁式木构架结构为主，仅在山墙处用穿斗式木构架结构。②具有较强的适应性。首先表现在对复杂地形、特殊功能和不规则平面的适应性，这主要得益于穿斗式木构架结构的灵活性。其次表现在上下层结构的相对独立性和材料的可替换性。由于功能需要，在下层梁、柱确保足够强度的情况下，出现上层柱架立在下层梁上的结构形式。③遵循斗拱制度。浙东传统建筑的木构架结构既有斗拱又有牛腿，如图 5.15 所示的岙胡村胡氏宗祠正殿抬梁穿斗混合式木构架结构、图 5.16 所示的下浦村魏氏宗祠的仪门斗拱和图 5.17 所示的下浦村魏氏宗祠正殿的牛腿、月梁。

图 5.14　涨家溪村金氏宗祠正殿的穿斗式木构架结构

图 5.15　岙胡村胡氏宗祠正殿抬梁穿斗混合式木构架结构

图 5.16　下浦村魏氏宗祠仪门斗拱

图 5.17　下浦村魏氏宗祠正殿牛腿、月梁

5.3
墙体

图 5.18　清潭村双枝庙人字形山墙

图 5.19　梁坑村潘氏宗祠一山马头墙

宁海古戏台建筑的屋顶形式有很多种类，其中硬山式是运用最多的屋顶形式，而戏台上的屋顶形式则以歇山顶为主。这种形式既能够满足建筑功能需要，又能体现出独特的地域文化特征。祠庙建筑的山墙、外墙无论是砌筑于柱外还是与立柱紧密相连，均能有效地发挥防火和维护作用，而山墙的形式和装饰则成为建筑外形的重要表现形式。宁海祠庙建筑的外墙以硬山山墙为主，大体可分人字形山墙、马头墙。

5.3.1　人字形山墙

人字形山墙在山墙顶部为人字形，呈上部陡、下部缓的态势，前后形成落水。山墙靠近檐口处用挑檐石或砖层层叠砌，并逐层加高，使它与屋顶的曲线重叠，呈人字形，如图 5.18 所示的清潭村双枝庙人字形山墙。由于山墙高度适中，所以具有较强的稳定性，并能抵抗风荷载。

5.3.2　马头墙

马头墙又称为屏风山墙，以中轴线为基准，左右对称，呈现出阶梯形状；中央最高，以对称形式逐阶向两侧低下。马头墙一般采用灰瓦压顶做成双坡，形成长短不一、层次分明的短墙。马头墙因房屋进深不同而山数不同，梁坑村潘氏宗祠一山马头墙简单朴素又不失美感，如图 5.19 所示。外观以单数的五山式样为主，也称为“五岳朝天”，大蔡村胡氏宗祠厢房马头墙就是典型的五山马头墙，如图 5.20 所示。马头墙的山数越多，则马头墙越具有较强的节奏感及艺术魅力，下浦村魏氏宗祠仪门和正殿的十一山马头墙很是罕见，如图 5.21 所示。各地马头墙在形式上有差别，但是不管是哪种类型的马头墙，都会在每山端部略微向上翘起，犹如傲视苍穹的马头，让本来沉闷的山墙造型变得灵动起来。

图 5.20　大蔡村胡氏宗祠的五山马头墙

图 5.21　下浦村魏氏宗祠的十一山马头墙

5.4
藻井

藻井又称为斗八、覆海、天井、绮井，是中国传统建筑中独具特色的装饰手法。每口藻井由成千上万个木质构件作为基本几何单元，采用榫卯连接方式进行连续叠合，在室内顶棚按一定比例组合出精致灵巧的立体形态。东汉张衡所著的《西京赋》解释藻井：“藻井当栋中，交木如井、画以藻纹，缀其根井中，其华下垂，故云倒也”。古人认为藻是水生植物，井又与水相关，水能克火，这一特性使藻井成为避火之物，满足了人们的精神需求。所以古人认为在重要的建筑物上设置藻井，可以驱火、消灾、祈福。藻井不仅可以装饰建筑，还可以烘托气氛、表达意境。

由于礼制思想的影响，中国古代的建筑形制、材料和装饰都遵循着严格的等级制度。《稽古定制・唐制》规定：“凡王公以下屋舍，不得施重拱、藻井。”《宋史・舆服志》规定：“凡民庶家不得施重拱、藻井及五色文采为饰……”《明会典・官民第宅之制》写道：“洪武二十六年定官员盖造房屋并不许歇山转角，重檐重拱，绘画藻井。”历代的统治者通过颁布法令，明确规定了藻井的使用范围，可见礼制等级之森严。但在民间，祠庙建筑的戏台上使用藻井装饰的现象非常普遍，这主要有三个原因：①古代戏曲艺术的发展促使各

图 5.22 前金村皇封庙古戏台藻井

地修建了大量戏台，部分戏台在偏远的村落，礼制约束力不强；②戏台是表演场所，不受礼制约束；③明清时期的统治者允许民间的祠庙建筑、亭阁建造藻井。

古戏台的藻井主要起装饰和优化声音的作用。古戏台通常建在较为开阔的场地，它在结构形式上也是开放的，有一面台、三面台和四面台。由于古代没有扩音设备，演员、观众、乐器等声音在戏场内相互交织，形成了一个复杂的声场。而向上凹陷的半球形藻井有利于声音的反射传播，起到聚拢声音的作用，间接地提升了演员的自我感觉，增强了观众的观演感受。藻井或盘旋上升、或层层叠落的内部结构为观演空间营造了较好的声学环境，使戏台“余音绕梁，三日不绝”，因此藻井广泛应用在古戏台建筑中，如图 5.22 所示的前金村皇封庙古戏台藻井。

藻井的造型隐含着“天人合一”的哲学思想，它不仅是一种审美形式，更是一种象征。在中国古代，“天”被认为是最高的神，是万物之本源。孔子主张“尊天命、畏天命、顺天命”，表达了对“天”的崇拜之情。“人”是指人类和社会。“天人合一”思想的产生源于人们对自然现象和宇宙奥秘的认识，追求人与自然和谐相处。最早总结出“天人合一”概念的是北宋张载，他在《正蒙》乾称篇中提出“儒者则因明致诚，因诚致明，故天人合一，致学而可以成圣，得天而未始遗人”。这一理念被后世奉为经典的哲学思想，是中国传统建筑追求的最高境界。古人把建筑顶棚视为室内的“天”，因此藻井也就有了“天”的寓意。藻井的构造通常呈现出上部为圆形、下部为方形的特征，这与中国传统宇宙观中天圆地方的理念不谋而合。

在民间，藻井又称“鸡笼顶”，这是因为古戏台顶棚四周由曲木拱搭成架，从底到顶嵌拼如小斗拱状，呈环状旋榫，叠堆向上，从上到下就像编鸡笼。藻井是我国古代劳动人民创造出来的独具特色的艺术形式，具有很高的历史价值、科学意义与观赏价值。

随着宁海古戏台建筑的发展，戏台上的藻井越来越多，在形制和装饰方面都发生了较大的变化，出现了二连贯式藻井和三连贯式藻井。这些藻井形式多样、内容丰富，不仅具有很高的审美价值，而且是研究历史文化及民俗文化的珍贵实物资料。宁海 125 座古戏台建筑中有藻井的古戏台约 80 座，多数为清代至民国时期营造。其中单藻井古戏台约 70 座，之中不乏精品佳作；10 座国家级文物保护单位的古戏台藻井更是精美绝伦。

藻井根据部位不同可分为藻井口、藻井穹隆与藻井顶，每一处都雕刻着各种精美的吉祥图案，涵盖龙凤瑞兽、花鸟鱼虫等众多题材，为人们展示了一幅幅绚丽多姿、异彩纷呈的古代戏曲舞台画卷。常见的藻井口形状包括圆形、方形、正六边形以及正八边形等。正八边形的井口选用四根采步金斜放形成八边形，然后将垂柱施于四个角，垂柱和额枋间施有船篷轩。藻井穹隆的形态错综复杂，或盘旋叠升，或层层嵌套，甚至有些形态被巧妙地融合在一起，呈现出更加多样化的形态。藻井顶呈圆形或八卦形，以铜制圆形明镜居多，也有在顶部雕刻或彩绘各种吉祥图案的，还有一些藻井挂有雕刻精细的装饰件。宁海古戏台藻井形式多样、布局严谨、结构精巧、雕刻细腻，大体可以分为聚拢式、叠涩式、螺旋式和轩棚式。

5.4.1 藻井形式

1. 聚拢式藻井

聚拢式藻井井口直径 4～5 米，昂头与各层藻井圈垂直；从空间上看，从下向上逐步缩小，汇聚到藻井的明镜处。昂头彩绘或贴金后，颜色更加夺目。聚拢式藻井的昂头从最底层至中间为 16 道，从中间层到顶层则改为 8 道，即由 8 道长阳马与 8 道短阳马组成。这些同心圆环环相绕，呈现出由外而内逐渐缩小的趋势，具有强烈的向心性。龙宫村陈氏宗祠古戏台为典型的凸字形平面，斗拱的榫卯结构咬合交错，飞檐翘角如雄鹰展翅，如图 5.23 所示。戏台内的藻井属于典型的聚拢式藻井，井口为圆形，叠涩盘筑，用连拱板为连接材料，井内口层层收缩，翘昂逐级相连，如图 5.24 所示。

图 5.23　龙宫村陈氏宗祠古戏台

图 5.24　龙宫村陈氏宗祠古戏台的聚拢式藻井

2. 叠涩式藻井

叠涩式藻井采用斗拱逐层堆叠的方式，使得整个藻井呈阶梯状升高，并逐渐汇聚到顶部的明镜上，它的形制与装饰艺术都显示了“天人合一”的宇宙观，具有很强的向心

图 5.25　潘家岙村潘氏宗祠古戏台的叠涩式藻井

性。叠涩式藻井最有代表性的建筑当属潘家岙村潘氏宗祠古戏台藻井，如图 5.25 所示。藻井上下共 12 圈，沿井口等间距布置 16 个坐斗逐层出踩，形成 16 道竖向龙凤异形拱昂汇集于盘龙纹明镜，横向通过镂空彩绘连拱板相连，如图 5.26、图 5.27 所示。

图 5.26　潘家岙村潘氏宗祠古戏台的藻井彩绘

图 5.27　潘家岙村潘氏宗祠古戏台的藻井细部

3. 螺旋式藻井

螺旋式藻井总体形态呈螺旋状回转上升，每个曲度都有变化，表现出很强的节奏和韵律。宁海古戏台螺旋式藻井（图 5.28）以使用 16 道阳马为最大特点，阳马被当地人称为昂头。昂头是一个弓形的木构件，具有一定弧度。每层的昂头由缓到急的运动趋势且有规律地层层盘旋叠加，继而产生旋涡状的动态视觉效果。16 道昂头的分割方式是在斗八藻井的基础上扩展出来，16 条旋涡螺旋上升，汇聚到顶端明镜，寓意“百鸟朝凤”。每道昂头由数个如飞鸟状的构架叠加而成，最下端装饰着一头憨态可掬的金色狮子（图 5.29）。

图 5.28　宁海古戏台螺旋式藻井

4. 轩棚式藻井

轩棚式藻井就是藻井通过“轩”的结构达到向中心聚集，分为单层式和双层式两种。常见的两层式结构虽然在视觉上进行了切割，但仍然是一个整体。从建筑艺术角度来讲，这种做法使空间更加紧凑而又富有层次感。藻井井口呈外方内圆状或外方内八角状，全部线条在井顶汇聚，使藻井的拢音效果更好。涨家溪村金氏宗祠古戏台的二连贯式藻井，其中勾连廊上的藻井为轩棚式藻井，由额枋及角科外拽的斗拱所承托，内侧四周为卷棚，居中呈八角形，8 道阳马汇集于明镜，明镜悬挂木制灯笼，如图 5.30 所示。

图 5.29 昂头下端的金狮子

图 5.30 涨家溪村金氏宗祠古戏台的轩棚式藻井

5.4.2 连贯式藻井

宁海古戏台建筑群不仅反映着当地的社会生活、风俗习惯、宗教信仰、地方戏曲等，更折射出当地人民群众独特而又深厚的文化底蕴，因此具有极高的历史文化和科学价值。古戏台的顶棚与勾连廊连成一个整体，构成纵向布置的两个或三个藻井，当地百姓称之为二连贯式藻井和三连贯式藻井，这些连贯式藻井为研究古代建筑构造工艺及雕刻艺术提供了不可或缺的实物资料。目前宁海有二连贯式藻井 10 处，三连贯式藻井 3 处。

1. 二连贯式藻井

二连贯式藻井是戏台沿庭院中央纵向延长，纵向二开间，在原有的戏台藻井基础之上，在勾连廊相连处增加一个藻井，从而提升观众的观看体验。一般情况下，主戏台的藻井较大，勾连廊内的藻井相对较小。勾连廊内的藻井在尺寸、形态、构造与戏台上的藻井虽有一定区分，但其精美程度毫不逊色。两个藻井的装饰风格与色调较为一致，达到了空间上的平衡。潘家岙村潘氏宗祠古戏台是典型的二开间勾连廊，勾连廊屋顶与凸字形戏台屋顶有较大差别，如图 5.31 所示。勾连廊下面的空间

图 5.31 潘家岙村潘氏宗祠的二开间勾连廊屋顶航拍照

是绝佳的观演场地，既可近距离观戏又可遮风挡雨，如图 5.32 所示。潘家岙村潘氏宗祠戏台上的藻井为聚拢式，廊下藻井为轩棚式，如图 5.33 所示。

图 5.32　潘家岙村潘氏宗祠的勾连廊

图 5.33　潘家岙村潘氏宗祠的聚拢式和轩棚式藻井

2. 三连贯式藻井

三连贯式藻井以二连贯式藻井为基础，勾连廊再向正殿方向增加一个开间，从而形成三个开间相连的空间格局，使整个空间结构更富有层次感和节奏感。每一个开间的顶棚处设一口藻井，以主戏台的藻井为主，其他两口藻井略小一些。目前三连贯式藻井仅在宁海县发现 3 座，即岙胡村胡氏宗祠古戏台、石家村崇兴庙古戏台、樟树村孙氏宗祠古戏台。

从航拍照可以看出，岙胡村胡氏宗祠古戏台的勾连廊与正殿连成整体，如图 5.34 所

图 5.34　岙胡村胡氏宗祠航拍照

图 5.35　岙胡村胡氏宗祠的三连贯式藻井

示。其勾连廊为三开间，相应的藻井称三连贯式藻井，如图5.35、图5.36所示。其中，主藻井是螺旋式的结构，以16个龙头状坐斗向上重叠，龙尾汇聚到藻井的井顶，即圆形明镜。中间的藻井呈圆形，以8个龙形和8个凤形坐斗逐层升起，凤尾停在第八道连拱板上，龙尾则汇聚到井顶的圆形明镜中，如图5.37所示，镜中彩绘一条盘龙，意指一龙生九子。靠近正殿的藻井亦呈圆形，外沿绘有如意花鸟图案，非常细腻。井口分内外两道，下层呈轩棚式，上层则是8个鱼状坐斗逐层升起，汇集于明镜，明镜中彩绘双鱼。

图5.36　岙胡村胡氏宗祠勾连廊

图5.37　岙胡村胡氏宗祠中间藻井

5.5 屋顶

传统建筑的屋顶、屋脊、檐口通常会呈现出几条优美的曲线，展示出高雅的建筑美学。这不仅从视觉上带来了轻盈的感觉，而且使整个建筑群更显得富有生机和活力。当建筑体量过大，造成视觉上不协调时，就需要对建筑屋顶进行适当的改造，以达到既满足使用要求又不失其美观性的目的。工匠们运用精湛的技艺，将大屋顶分割成若干个错落有致的小屋顶，同时在屋顶、屋檐等部位巧妙地点缀各种寓意吉祥的构件。中国古建筑装饰艺术中的飞檐更具有丰富而生动的形式美，体现着中华民族特有的审美。

5.5.1　屋顶形式

屋顶是建筑最重要的组成部分，也是建筑的第五个立面，对建筑整体形态有着直接的影响。传统建筑屋顶主要有庑殿、歇山、悬山、硬山、攒尖等形式，另有单坡、平顶等形式，或者一座传统建筑屋顶有若干个屋顶形式。屋顶又有重檐和单檐之分。按照屋顶形式的等级由高到低依次为重檐庑殿顶、重檐歇山顶、重檐攒尖顶、单檐庑殿顶、单檐歇山顶、单檐攒尖顶、悬山顶、硬山顶以及其他形式的屋顶。以北京故宫太和殿为代表的重檐庑殿顶建筑为建筑的最高等级。明清时期，祠庙建筑的屋顶常采用庑殿顶、歇山顶、硬山顶等，尤其古戏台屋顶更是变化多端，凝聚了古代工匠的心血。

清代李斗在《扬州画舫录·草河录上》中用诗句描绘飞檐的形象，“香亭三间五座，三面飞檐，上铺各色琉璃竹瓦，龙沟凤滴”。屋角微微翘起，角椽展开犹如鸟翅，故称“翼角”。形似鸟翼舒展的檐角，柔和优美的曲线，显得洒脱且富有创意，屋顶的艺术美发挥到极致。宁海祠庙建筑的古戏台屋顶常采用歇山顶，戏台正面的两个翼角高高翘起，而正殿、仪门和厢房的屋顶都采用硬山顶。

1. 歇山顶

宋代称歇山顶为九脊殿，包含一条屋顶正脊、两侧前后四条垂直的垂脊，四角斜向的四条戗脊。歇山顶上半部分为悬山顶或硬山顶样式，下半部分则为庑殿顶样式。歇山顶上半部分如为悬山式样式，常装饰有搏风板、悬鱼等，艺术特点多样。歇山顶上半部分如为硬山顶样式，也常装饰各种图案，以卷草纹居多，如图 5.38 所示的宁海城隍庙古戏台歇山顶山墙卷草纹装饰。

图 5.38　宁海城隍庙古戏台歇山顶山墙卷草纹装饰

图 5.39　宁海城隍庙古戏台屋顶的鸱吻、瓦神

宁海古戏台的屋顶绝大部分为单檐歇山顶，正脊正中位置常装饰有仙人雕像，屋脊两侧大多有鸱吻，两条鳌鱼张开巨口吞噬着正脊，有防火消灾之意。在垂脊上常置有各种戏曲人物的瓦神，其人物形象以《封神演义》《三国演义》《西游记》《隋唐演义》为题材进行创作。宁海城隍庙古戏台的垂脊上雕有骑着战马穿着铠甲的瓦神，戗脊上有狮子或其他瑞兽等装饰，如图 5.39 所示。峡山村尤氏宗祠正殿屋顶的正脊两端各有一条鳌鱼，靠近屋檐处装饰着以姜太公钓鱼和诸葛亮空城计为题材的瓦神，如图 5.40、图 5.41 所示。

宁海古戏台屋顶大多数采用歇山顶，部分勾连廊形式的戏台屋顶直接与正殿屋顶连成一体。戏台的屋面呈中间下凹、两端反曲向上形成向上的弧面形式。戏台屋顶的四个屋角采用发戗做法，老戗一端固定于三架梁头上，一端承放于前台柱柱头

图 5.40　峡山村尤氏宗祠正殿瓦神之姜太公钓鱼

图 5.41　峡山村尤氏宗祠正殿瓦神之诸葛亮空城计

科上，向下向外伸出，老戗与敕戗成 45° 角，嫩戗上皮施三角木、菱形木和扁担木，屋角呈弧形，向上翘起，形成施展的翼角，如图 5.42 所示。戏台由于要做成圆形的藻井，它的收山与其他殿宇歇山顶有所不同，取正心桁的外三分之一处分别斜放四根向上拱起的采步金。它与两根不同方位的正心桁呈三角形，再在上面承放五架梁或三架梁，上施童柱及叉手，承接脊檩，形成歇山顶屋架。椽面上施望板，为防止屋面瓦下滑，常用较厚的灰背作结合层，屋面瓦为小青瓦或筒瓦，清代工部编的《工程做法则例》规定屋面瓦在脊步采用压八露二的做法，在金步和檐步采用压七露三的做法。

图 5.42　戏台翼角

2. 硬山顶

硬山顶就是人字形屋顶，为双面坡屋顶形式，前后两坡屋面在屋顶正中最高处交汇形成屋脊。硬山顶是最简单的屋顶形式。明清时期的山墙常以砖石垒砌而成，山墙交于双面坡屋面上，屋顶的檩木被山墙封堵，因此建筑具有较好的防水效果和保温性能。山墙高出屋面，可做成观音兜、马头墙等形式。宁海祠庙建筑的正殿、仪门和厢房屋顶都采用硬山顶。

5.5.2　屋顶曲线

从建筑形态上看，古戏台屋顶经过曲线处理后，屋顶变得灵动轻盈，营造出“如鸟斯革，如翚斯飞”的视觉效果。屋顶曲线主要分为檐口、屋脊、屋面和屋角的曲线。有些建筑屋顶有两条曲线，有些建筑屋顶则有三条曲线。但为什么会有这样的曲线？难道仅仅是为了美感？通过查找相关文献，学术界对此有不同的见解。

1. 构造的需要

我国古建筑为避免雨水对屋身和门窗的浸袭破坏，屋檐往往会比墙身伸出很多。屋檐与四个角之间的出挑距离势必增大，由于其承受较大荷载容易发生弯曲变形，所以须由角梁来支承，使四个角免受拉裂破坏。这种做法增加了结构的强度和刚度，连接椽子头部的屋檐水平线至屋角就不可避免地要随角梁高度上升而上升，从而形成屋檐两端的出挑曲线。

2. 采光、排水的需要

屋顶上檐口加高，增加了采光面，可让更多的自然光进入室内，从而达到改善室内空气质量、调节室内环境温度的效果；同时从室内向外看时，曲面屋顶扩大了视线范围并减小了视野盲区。当屋顶被设计为曲线时，雨水会从急缓处通过屋檐往外飘散，而不会竖直飞溅淋湿墙体，从而达到保护墙脚基础的目的。但是雨水是液体，并不会像固体一样沿着曲面屋顶形成抛物线飘洒，下雨时无论水流有多大，还是会顺着檐口流下来，很显然曲面屋顶无法将雨水排得更远。

3. 艺术造型的需要

在中国传统文化里，直面似乎拙朴呆板且缺乏表现力，曲面则温柔灵秀且生机盎然。宋代李诫编著的《营造法式》和清代工部编的《工程做法则例》中对这种曲面屋顶的做法都有明确的规定。

古代工匠们结合自身的经验，依据《营造法式》和《工程做法则例》营造了大量的官式建筑及曲面屋顶。由于地域特征、气候条件、传统文化和营造技艺等方面的差异，各个区域形成了独特的建筑风格和装饰特点，屋顶形式及屋顶曲线各有不同。整体来看，我国北方地区的建筑屋顶曲线较平缓，造型庄重浑厚；南方地区由于雨水较多，建筑屋顶常较为陡峭，外形也更加生动轻盈，尤其是宁海古戏台高高翘起的翼角，犹如欲展翅飞翔的雄鹰，体现出江南建筑独有的美学魅力。

5.5.3 屋面材料

民间建筑常用茅草、泥土、石板、陶瓦等作屋面材料，官式建筑用陶筒、板瓦或琉璃瓦作屋面材料。宁海古戏台建筑的屋面材料都是陶瓦，当地称为小青瓦。

陶瓦是以黏土为材料，加入粉碎的沉积页岩成分，在高温下煅烧而成的。自汉魏至唐代多使用带形或者齿形的滴水，唐宋时出现尖形滴水并沿用至今。这种尖形端部的表面常装饰有各种动物、植物的图案，或者是各类几何图案，《营造法式》称之为垂尖华头瓪瓦（即板瓦）。为避免大风将瓦片吹走，有时还会给瓦片加上瓦钉或压砖，整齐摆放的瓦钉和小砖还起着点缀作用。宋代陆游的《梅花绝句》："万瓦清霜夜漏残，小舟斜月过阑干。"就是宋代建筑屋面形式与特征的形象写照。

第6章

宁海古戏台建筑群的装饰艺术

我国古戏台作为一种娱乐性公共建筑，相比其他建筑更为重视装饰。我国早期戏台主要为宗教祭祀活动服务，随着社会发展逐渐向娱乐化方向转变。从明代开始，戏台追求高大雄伟、装修考究，清代戏台更讲究装饰艺术和精美的雕刻。

6.1 图案题材

任何装饰图案的产生都体现着人们对美的渴望，形形色色的装饰图案不仅增加了事物的艺术表现力，而且在一定程度上体现了人文内涵。对图案构成元素进行剖析，为挖掘其文化内涵奠定了更加有力的基础。

6.1.1 植物纹样

在宁海古戏台建筑群的装饰中，花卉蔬果的装饰艺术十分常见。古人崇尚自然，匠人在雕刻纹样时，利用花卉蔬果在传统文化当中的寓意突出其在建筑中的美感，既可以体现人们的文化修养和品位，又可以将人们的情感寄托于题材之中。

1. 梅兰竹菊纹样

在中国传统纹样当中，古代文人尤其偏爱花中君子“梅、兰、竹、菊”。明代黄凤池在画谱小引中写道：“文房清供，独取梅、竹、兰、菊四君者无他，则以其幽芳逸致，偏能涤人之秽肠而澄莹其神骨。”从此，梅、兰、竹、菊被称为“四君子”。

宁海古戏台建筑群对“四君子”有很多刻画，多见于彩绘木雕构件上。梅、兰、竹、菊构图形式分为绘画式和图案式，可作为独立纹样，也可作为组合图案。宁海城隍庙仪门、厢房栏杆装饰有梅、兰、竹、菊4种纹样，如图6.1所示。在梅花和喜鹊的组合图案中，两只喜鹊在梅梢上鸣唱，梅花千花万蕊，疏密有致，枝干昂扬向上，豪放不羁，尽显梅花的傲骨之气。兰花和礁石的组合图案中，鸟低飞于兰花之上，端庄大方，寓意淡泊高雅的精神。在竹与石的组合图案中，竹子作为景观主体，匠人通过雕刻还原其

图6.1　宁海城隍庙古戏台厢房梅、兰、竹、菊纹样的栏杆

自然形态，使其交错有致，形成了从容淡雅的独特审美。在菊花、喜鹊和礁石的组合图案中，喜鹊站立在礁石上，自然回头看向菊花，菊花花形优美舒展，花瓣向四周扩散开，整体淡雅大方，画面灵动自然，富有生命力，象征着举家欢乐。

2. 牡丹纹样

牡丹，又名“富贵花”“花中王”，其花大而美，艳而香。自唐代以来，牡丹颇受世人喜爱，象征着吉祥如意、美好幸福。牡丹常与花瓶进行组合，寓意富贵平安。与莲花、菊花、梅花、杂宝组合，寓意四季进宝。

牡丹纹样是常见的装饰图案，一般雕于额枋、雀替、牛腿等部位。装饰形式分为单独纹样、组合纹样、具象型纹样、抽象型纹样。龙宫村陈氏宗祠仪门梁上雕刻了三朵向下绽放的连枝牡丹，以中心牡丹为主体横向排列，形成了花团锦簇的样式。中心硕大的牡丹呈怒放之态展开，枝叶自然舒展，紧贴于花朵两侧，左右两朵牡丹各具形态，片片花瓣轻盈婉转，整体给人以富贵吉祥之感，如图 6.2 所示。牡丹与喜鹊、戏剧人物共同组成了一个美轮美奂的装饰构件。

图 6.2　龙宫村陈氏宗祠仪门梁上的连枝牡丹纹样

3. 莲花纹样

莲花通称荷花，是我国传统的装饰纹样之一。莲花纹样最早出现在春秋时期的青铜器上。莲花象征着清白、高风亮节，古人借物寓意，通过莲花低调高雅的造型来表现洁身自好的君子品德。

莲花纹样分为莲花彩绘与莲花雕刻两种结构形态，呈现方式有正、侧面两种，装饰造型有简有繁，有抽象有具象。莲花纹样以写实为主，无论彩绘还是雕刻，都表现出其自然绽放的状态。莲花除雕于雀替、绦环板等部件外，还常雕于垂花柱。岙胡村胡氏宗祠的垂花柱垂顶端雕有莲花花饰，下垂刻有蝙蝠纹样，莲花瓣绕柱一周，重瓣层叠，花瓣

图 6.3　岙胡村胡氏宗祠古戏台垂花柱的莲花纹样

力挺饱满，立体感十足，如图 6.3 所示。

4. 桃子纹样

桃子象征着生命持久、寿运永继，《诗经》中的“桃之夭夭，灼灼其华”，是用桃子来祝福婚姻的美满。明代吴承恩著写的《西游记》，在王母娘娘的寿辰当中，赋予了桃子长寿健康的寓意。在装饰纹样中，桃子、佛手、石榴是常见的组合图案，人们将其称为“三多”，有多福、多寿、多子的寓意。桃子纹样的构成形式主要为太极图式与团纹，桃子造型统一为饱满圆润状，如图 6.4 所示的潘家岙村潘氏宗祠厢房牛腿的桃子纹样，可见匠人追求装饰美，重视韵律美。

大蔡村胡氏宗祠厢房牛腿雕刻的桃子硕大饱满、圆润光洁，配有桃叶、桃枝作为装饰，如图 6.5 所示。

图 6.4　潘家岙村潘氏宗祠厢房牛腿的桃子纹样

图 6.5　大蔡村胡氏宗祠厢房牛腿的桃子纹样

5. 柿子纹样

柿子是一种吉祥的水果，其外形圆润，颜色金黄美观，寓意着吉祥喜庆。因“柿”与“事”同音，两个及以上柿子即寓意事事如意。“南静川中木叶红”是宋初诗人王禹在贬官于商州时写下的诗，而其中的“木叶红”指的是商州秋天满山的柿子树，寓意着万事胜意。

柿子作为单独图案被匠人所雕刻，常见于厢房牛腿，其形态较为统一。大蔡村胡氏宗祠厢房牛腿的柿子纹样，果大饱满，枝条疏密分叉，可以看见叶片微微遮住柿子，而柿子轻轻压弯了树枝，分外俏丽惹眼，如图 6.6 所示。

6. 石榴纹样

古人将石榴看作富贵、吉祥、繁荣的象征，其造型呈椭圆状，下圆顶尖，籽粒多而饱满，在中国传统文化中代表着多子多福。又因其果肉红色艳亮，又被赋予了红红火火的寓意。石榴随佛教一起流入中国，因此石榴纹样在装饰上带有宗教色彩。石榴纹样最早出现于初唐敦煌莫高窟的藻井，后广泛应用于家具、画稿、古建筑装饰。石榴是吉祥纹样，其皮裂开露出子被称为“溜开百子”。

大蔡村胡氏宗祠厢房牛腿雕有折枝石榴纹样，整体构图饱满，枝叶密卷有形但石榴籽鲜有露出，石榴前后交错、生动真实，体现出独特的吉祥寓意，预示着多子多福、红红火火，象征着人们的生活蒸蒸日上，如图 6.7 所示。

图 6.6　大蔡村胡氏宗祠厢房牛腿的柿子纹图样

图 6.7　大蔡村胡氏宗祠厢房牛腿的折枝石榴纹样

6.1.2　祥禽瑞兽纹样

我国对祥禽瑞兽的描绘比花卉蔬果的历史更为长久。受地理位置、自然背景、人文历史的影响，宁海人民崇尚自然。祥禽瑞兽纹样应用非常广泛。龙、凤凰、狮子、蝙蝠、鱼等装饰主题常见于祠庙建筑的牛腿、雀替、月梁等构件。

1. 龙纹样

龙是我国古代传说中的神话动物，是中华民族的重要标志，也是建筑装饰中较有代表性的纹样。早在原始时期，先民们就对龙图腾产生崇拜。宋元至明清时期，龙纹真正成熟并被广泛应用于皇室和民间。龙是皇权的象征，因此龙在宫廷中的形象更是霸气威猛。民间的龙造型较为朴实、柔和可亲，更符合百姓审美。

宁海古戏台建筑群中装饰着大量的龙纹样，常见造型有卷草龙纹样、鱼龙纹样、团龙纹样、戏珠龙纹样、穿云龙纹样等。龙纹样主要分布在牛腿、雀替、檐枋等构件，还常见于藻井的构件。龙宫村陈氏宗祠厢房栏杆上装饰着卷草龙纹样，双龙之间雕有宝珠，如图 6.8 所示，线条分明的龙纹样与卷草纹样的组合图案充分体现了“万物与我为一”的审美观念，传达了古人期盼过上吉祥、幸福、美好的理想生活。下刘村刘氏家庙和石家村崇兴庙仪门梁上雕刻着精美的“双龙戏珠”，两条龙对称雕在左右两边，画面以大海和祥云作为背景，二龙

图 6.8　龙宫村陈氏宗祠厢房栏杆上装饰的卷草龙纹样

旋绕宝珠，宝珠周围有火焰升起，尽显恢宏气势，如图 6.9、图 6.10 所示。

2. 凤凰纹样

凤凰是我国古代传说中的神异动物、百鸟之王。凤凰最初是由图腾演变而来的，是祥瑞的象征，与龙一样备受皇室贵族的青睐。在民间，凤凰象征着和平、自由、和谐，其造型优美秀丽，受到世人的爱戴。装饰中常见凤凰与牡丹的组合图案，称之为

图 6.9　下刘村刘氏家庙仪门梁上的“双龙戏珠”纹样

图 6.10　石家村崇兴庙仪门梁上的“双龙戏珠”纹样

“牡丹引凤”“凤穿牡丹”，多用于牛腿、雀替、梁枋、藻井等构件。宁海城隍庙牛腿上的凤凰纹样，采用圆雕技法，更显立体，如图 6.11 所示。凤凰头顶花冠，呈花朵状，姿态端庄优雅，象征吉祥平安。古戏台藻井的凤凰纹样采用浅浮雕技法，施以金色漆，与螺旋状的 16 道阳马互为呼应，寓意吉祥喜庆，如图 6.12 所示的清潭村双枝庙古戏台藻井的凤凰纹样。

3. 狮子纹样

狮子被誉为百兽之王，因其具有漂亮的外表、威严的姿态而得名。在中国传统文化中，狮子以威猛的气势来降魔驱兽、镇宅护法。无论在礼制建筑还是在传统民居中，狮子纹样均是常见的装饰题材，寓意祈求平安、保家卫国。常言道：“狮子滚绣球，好运在后头。”狮子与绣球结合寓意着好事来临。

宁海古戏台建筑群中的狮子造型憨厚朴实，口中含有绣球、花绳，手抓绣球呈向下俯冲状，似在嬉戏打闹。在狮子雕刻中不难看出宁海人憨厚老实的性格和对吉祥生活的期盼。涨家溪村金氏宗祠古戏台石栏杆上有一对狮子驻守，左侧的母狮子背上趴着一只小

狮子，右侧的公狮子戏耍着绣球。两只狮子嘴巴大张，霸气十足，如图 6.13 所示。宁海城隍庙、石家村崇兴庙和下浦村魏氏宗祠等戏台牛腿上都雕刻了狮子滚绣球纹样，狮子形态各异，造型生动有趣，分别如图 6.14、图 6.15、图 6.16 所示。百姓期望在建筑中增设灵兽来驱走邪气，纳来祥瑞，守护村庄的安全。

图 6.11　宁海城隍庙牛腿上的凤凰纹样

图 6.12　清潭村双枝庙古戏台藻井的凤凰纹样

4. 蝙蝠纹样

蝙蝠纹样是中国传统雕刻纹样中极具特色的图案，蝙蝠虽然其貌不扬，但蝙蝠的“蝠”字与福字谐音，契合了人们对生活的美好愿景。蝙蝠纹样的流传，最早可追溯到新石器时代的红山文化，其造型简洁大气。明清时期，蝙蝠纹样广泛应用于人们的衣食住行，装饰

图 6.13　涨家溪村金氏宗祠古戏台石栏杆上的狮子纹样

图 6.14　宁海城隍庙仪门牛腿上的狮子滚绣球纹样

也不再单一，开始与花鸟虫鱼、动物、文字进行组合，以至于用蝙蝠纹样来装饰的作品几乎随处可见。蝙蝠的组合图案寓意分为以下几类：双福纹样、五福纹样、多福纹样、多福多寿纹样等。装饰主要分布在雀替、月梁、檐枋等构件。

图 6.15 石家村崇兴庙厢房牛腿上的狮子滚绣球纹样

图 6.16 下浦村魏氏宗祠仪门牛腿上的狮子滚绣球纹样

图 6.17 长洋村郭氏宗祠仪门卷棚下木雕构件上的云纹样、蝙蝠纹样

图 6.18 清潭村双枝庙厢房雕刻戏曲故事纹样、卷草纹样、蝙蝠纹样的栏杆

宁海古戏台建筑中的蝙蝠主要用于藻井、檐廊的装饰，其表现形式分为绘画式和组合式。长洋村郭氏宗祠仪门卷棚下的木雕构件，云纹样与蝙蝠纹样搭配，数只蝙蝠飞于云层之间，洋溢着自然和谐之美，下面还有一块单只蝙蝠木雕板，蝙蝠头朝下，蝠倒即“福到”，如图 6.17 所示。清潭村双枝庙两侧厢房的栏杆雕刻着六组戏曲故事纹样、卷草纹样、蝙蝠纹样组合成的装饰长卷画，一字排开，非常壮观，如图 6.18 所示。

5. 鱼纹样

鱼纹样是我国传统的祥瑞纹样之一。鱼题材装饰最早出现在河姆渡文化中，其造型抽象，以简单的几何线条概括出鱼的基本形态，线条粗糙朴实。秦汉之后，鱼的造型逐渐生动，明清时期鱼的造型更加写实化，才有如今我们在器物作品上看到的鱼纹样。古人爱鱼文化，借助鱼的谐音来表达自己对生活的愿望。“鱼”谐音为“余”，将鲶鱼和莲花或童子组合，寓意“年年有余”。

图 6.19　岙胡村胡氏宗祠戏台藻井上的鱼纹样

宁海古戏台建筑群的鱼纹样十分丰富，有鲶鱼、鲤鱼、金鱼等，主要装饰在藻井或雀替等构件上。岙胡村胡氏宗祠古戏台藻井上有 8 条龙汇聚于藻井顶，顶部为三条不同颜色的鲤鱼互相嬉戏缠绕，你中有我，我中有你，如图 6.19 所示。有些藻井顶绘制太极双鱼图，白鱼为阳，黑鱼为阴。白鱼为黑眼睛，黑鱼为白眼睛，表示阳中有阴，阴中有阳。

6.1.3　山石树木纹样

山石树木纹样作为写意的经典纹样，常见于瓷器、绘画、雕刻之中，可细分为山石、树木两个类别。宁海依山傍水、风景秀丽，随处可见怪石嶙峋、树木流水。匠人延续了中国传统元素，将山石树木与花鸟人物组合搭配，雕刻技法精湛深厚，画风写意优美。

1. 山石纹样

山被中国人视为大自然鬼斧神工之作，因其高耸连绵的造型受到世人的喜爱。早在远古时期，人们就对山有了崇敬之心，山象征着高尚仁义、胸怀宽广。在装饰纹样中，山石常用以衬托花鸟、植物、人物故事等，较少单独作为装饰主题。

龙宫村陈氏宗祠仪门左次间的枋木上雕刻着一幅长卷画，有六位古代的将军骑着战马、挥舞着长刀，互相厮杀，作为背景的山石树木、小桥流水古亭无不衬托着战争的激烈，如图 6.20 所示。无论是远处的山，还是近处的石头，都是画面中重要的构成元素。峡山村尤氏宗祠古戏台栏杆镶嵌着各种纹样的木雕板，山石与飞鸟、兰花、梅花、松柏等素材组合成不同的图案，石头纹样的纹路清晰可见。木雕作品以自然形态和匠人的所思所想相融合，将美好愿景刻画在木雕板上，赋予了古戏台生机和活力。

图 6.20　龙宫村陈氏宗祠仪门枋木上的山石树木、小桥流水古亭、人物纹样

图 6.21　岭下村胡氏宗祠古戏台栏杆上的仙鹤和松柏的组合纹样

2. 树木纹样

树木纹样常见有松树纹、柳树纹、桑树纹等，多为木雕、砖雕装饰纹样。宁海古戏台建筑装饰图案中树木的表现形式各不相同，构图形式分为单独图案和组合图案。松柏是最常见的树木纹样，与仙鹤组合，寓意松鹤延年，如图 6.21 所示的岭下村胡氏宗祠古戏台栏杆上的仙鹤和松柏的组合纹样。仙鹤和松柏的组合纹样中，仙鹤作为主体，有的展翅飞翔于松柏之上，有的站立于松柏下，或仰天，或低垂，画面协调，生机盎然。

6.1.4　人物纹样

人物形象所呈现的装饰纹样，是最具有感染力的，深刻地反映了人们的社会生活、内心需求和信仰。将中国优秀传统思想通过人物装饰纹样传达给百姓，使之产生审美愉悦，达到寓教于乐的目的。

1. 戏曲人物纹样

戏曲故事因场面的生动和妇孺皆知的普及性，成为古戏台重要的装饰题材。传统戏曲中的情节主要反映忠孝礼仪、耕读传家等儒家思想，故事情节都富有教育意义。

宁海古戏台建筑群中雕有许多戏曲人物，表达着各类故事情节，主要雕于檐枋、牛腿、琴枋、拱板等构件。戏曲情节主要分为人物群像和民俗故事，如《封神演义》《三国演义》《杨家将》等。人物群像以人物神态、衣着作为主要表现形式，民俗故事主要表现故事情节，同时会加入树木、花卉、动物等纹样进行点缀，丰富画面。戏曲人物有文武、花旦等，宁海古戏台建筑群的戏曲人物纹样以文臣武将为主，尤其持枪骑马的武将更为形象生动。

图 6.22　山下刘村刘氏家庙牛腿上的刀马人物纹样

1）刀马人物纹样

刀马人物即武生，多挥剑骑马，是戏剧中负责武艺的角色。武生共分两大类，一种叫长靠武生，一种叫短打武生。长靠武生都身穿“靠”，头戴盔，穿着厚底靴子，使用长柄武器。短打武生着短装，穿薄底靴，长兵器和短兵器兼用，如图 6.22 所示的山下刘村刘氏家庙牛腿上的刀马人物中手握长枪、衣着护甲、身骑宝马的是长靠武生，左上角半蹲的是短打武生。

对人物纹样的刻画，除了用小篇幅描绘人物衣着神态，还有用大篇幅表达故事情节的。清潭村双枝庙东西厢房栏板上雕刻着十多幅场面宏大的戏曲故事图案，有文戏也有武戏。其中一幅图案从人物身上的服饰以及面部色彩可以看出正在上演“三英战吕布”，如图 6.23 所示。长洋村郭氏宗祠仪门也有一幅彩绘板“三英战吕布”（图 6.24）。虽然为同一个故事题材，由于表现形式不同，展现出来的效果也是不一样的。清潭村双枝庙的木雕板由于尺寸较小，人物之间的距离更加紧凑、故事节奏更快，画面中的人物、战马、树木更加立体，体现了浮雕工艺的特色。长洋村郭氏宗祠的彩绘版尺寸较大，人物众多，场面宏大、色彩艳丽，远处和近处的配景更加丰富，充分展现了激烈的战斗场面。

图 6.23　清潭村双枝庙厢房栏板上的“三英战吕布”纹样

图 6.24　长洋村郭氏宗祠仪门彩绘版“三英战吕布”纹样

2）文官纹样

传统戏曲的文官头戴纱帽、身穿官衣、腰系玉带。根据人物的身份、地位、性格以及场合，选用不同的服饰和色彩。清潭村双枝庙厢房栏板上雕刻着一幅关于“孝”的戏曲故事图案。画面左侧是一位头戴纱帽、身着官服的文官半弓着身体向右侧的三位长者辞行；画面右侧居中是一位拄着拐杖的老者，或许是母亲，或许是祖母；老者的右侧站立着一位长须文臣，他正搀扶着老者，老者后面是一位年长的妇人，正依依不舍地望着前面辞行的文官，如图 6.25 所示。四位人物的面部表情丰满、动作细腻到位，使故事情节富有张力。

图 6.25　清潭村双枝庙厢房栏板上的戏曲人物纹样

2. 画工人物纹样

宁海古戏台建筑群的装饰通常以神仙、侍女、文人为题材，通过独特的艺术表现手法和造型，展现出浓郁的地域文化特色和生活气息。

1）神仙纹样

在木雕构件装饰中，运用最多的神仙是“福禄寿”三吉星。“福禄寿”纹样一般会出现在古戏台建筑中的屋脊、檐下、栏板、牛腿、梁枋上。“福星”天官和“寿星”南极老人脚踏祥云、背靠松枝，以左右各一边的形式出现在牛腿上。寿星拄着拐杖，拿着蟠桃，福星展开“天官赐福”竖联。

八仙是中国民间传说中广为流传的八位道教神仙。八仙均来自人间，之后得道成仙，深受民众喜爱，体现了人们对于美好生活的期愿。清潭村双枝庙厢房栏板上有一块雕板就是关于八仙的故事（图6.26）。八位神仙在一个图案中，分别拿着自己的法器，或坐或站，三三两两正在商讨，或许正在计划如何去蓬莱仙境，也就有了后来的“八仙过海、各显神通”的传说。

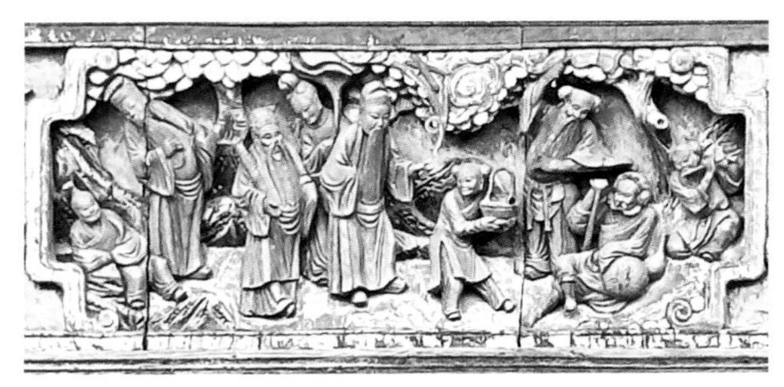

图6.26 清潭村双枝庙厢房栏板上的八仙纹样

2）侍女纹样

侍女纹样蕴含着对社会生活的描绘和刻画，是中国传统艺术文化的重要组成部分。在马岙村俞氏宗祠古戏台栏杆上，镶嵌着数块雕刻精美的人物纹样雕板。其中一块雕板画面中有两位人物；画面后方一位头戴巾帽、衣袖宽大的男子坐在床榻上，两侧床帘微微垂下；画面前方一个梳着双髻、着束腰窄袖服饰的侍女站着整理东西，足以见得当时的人物之间的社会地位，如图6.27所示。

3）文人纹样

中国古代文人雅士常以高尚的品德为世人所推崇，三国时期的诸葛亮是这类文人的典型代表。身长八尺，面如冠玉，头戴纶巾，手持羽扇，身披鹤氅，飘飘然有神仙之概。这是人们对于诸葛亮外貌特征的描述。他那潇洒飘逸、神形兼备的风度，是后世文人雅士们津津乐道的话题。岙胡村胡氏宗祠正殿牛腿上可以看到一位手上拿着羽扇的文人，就是诸葛亮，如图6.28所示。

图 6.27　马岙村俞氏宗祠古戏台栏杆上的侍女纹样

图 6.28　岙胡村胡氏宗祠正殿牛腿上的诸葛亮纹样

6.1.5　博古纹样

博古纹样是一种典型的纹样。北宋时期复古风盛行，宋徽宗（公元 1082—1135 年）命王黼（公元 1079—1126 年）以宣和殿所藏古器为题材，编撰完成三十卷《宣和博古图》。于是后人将古代器皿图案泛称为博古纹样。

建筑中常见的博古纹样有古铜器、古玉器、古瓷器、古棋盘、古钱等，有时会添加花卉蔬果点缀画面，寓意清雅高洁。宁海古戏台建筑群的博古纹样大多出现在栏板、牛腿上，有时作为画面点缀。在石家村崇兴庙的栏板上就出现有炉、瓶、壶以及玉器这类古器物，配以如意、竹、叶、飘带纹样，组成这一幅清雅而高洁的装饰画面。古器物也会出现在人物纹样中。龙宫村陈氏宗祠仪门梁上雕刻着两位人物纹样，右边的女子手举花瓶，侧身看向左侧的寿星，如图 6.29 所示。

博古纹样中有暗八仙的特殊类型。暗八仙是古代传说中八仙手中的法器，分别为芭蕉扇、宝剑、花篮、洞箫、葫芦、鱼鼓、玉板、莲花。民间传说八件法器中蕴含着可以驱邪消灾的仙法，因没有八仙，所以称为暗八仙。暗八仙有简单和复杂两种造型。简单的暗八仙往往只以八件法器为主题，配以祥云、飘带。洞箫代表韩湘子，葫芦代表铁拐李等，如图 6.30 所示。复杂的暗八仙图案常在八件法器上配以花卉、花瓶、飘带等纹样。

古器物中的如意，头部呈灵芝形或云形，柄微微弯曲，寓意吉祥如意。宁海古戏台的屋顶檐口处，将构件直接雕刻成如意形状，寓意吉祥。如意常与其他古器物搭配使用。

图 6.29　龙宫村陈氏宗祠仪门梁上人物、花瓶纹样

图 6.30　下浦村魏氏宗祠古戏台屋脊上的暗八仙纹样

6.1.6　几何异形纹样

几何纹样造型简洁大方，常与动物纹样、植物纹样组合出现，有时也作为其他纹样的底纹。几何纹样在宁海古戏台建筑的应用也非常广泛，主要用在牛腿、雀替、梁、枋等各种构件，有如意纹样、回字纹样、云纹样、字符纹样等。异形纹样也较为常见，如卷草纹样等。

1. 如意纹样

如意纹样取自如意造型，又名“如意云头纹”。“如意云头纹”造型上以如意的头部——灵芝作为原型，呈对称的心形结构，形成类似云朵的形状。如意纹样表达了人们对美好未来的向往和事事顺心的期盼。如意纹样常与瓶、戟、磬、牡丹等纹样形成组合图案，寓意平安如意、富贵如意等。下浦村魏氏宗祠仪门梁上的如意纹样作为锁边图案，包裹人物、瑞兽、植物等，如图 6.31 所示。

图 6.31　下浦村魏氏宗祠仪门梁上的如意纹样

图 6.32　下浦村魏氏宗祠仪门的回字纹样

2. 回字纹样

回字在《说文解字》中的解释是：“回，转也。从口，中象回转之形。”回字纹样是指以横竖折线组成回字形的一种几何纹样，因其构成形式回环反复、延绵不断，故在民间有“富贵不断头”的说法，使其有连绵不断、吉利永长的寓意。回字纹样常常以二方连续的形式出现，呈现出规整的视觉效果，

匠人们在使用回字纹样时多用作间隔或锁边图案，也有直接用作装饰，如图 6.32 所示的下浦村魏氏宗祠仪门的回字纹样。

3. 云头纹样

云是装饰纹样中常见的题材，云、水本是抽象之物，没有具体的造型变化，而古人运用智慧将云具象化，让其形态千变万化。云常与很多吉祥物组成纹样，或单独排列组合。

宁海古戏台建筑群中的龙纹样和云头纹样常作为组合纹样同时出现在装饰图案中，常见于檐枋、牛腿、雀替等构件。古代的人们长期进行农耕工作，云雨决定农作物的收成，人们对云雨产生期盼心理，久而久之云在人们心目中的印象得到了升华，于是人们对云产生了崇拜与敬畏之心，他们用云头纹样代替云。云头纹样又称祥云纹样，带有云尾，其造型优美柔和，具有生动飘逸的形态，是代表吉祥如意的图案，如图 6.33 所示的涨家溪村金氏宗祠古戏台石柱础上的云头纹样象征着高升和如意。云头纹样也可作为点缀，环绕在瑞兽、神仙等周围以表达吉祥寓意。岙胡村胡氏宗祠仪门卷棚下的梁多处使用云头纹样和龙纹样的组合，画面中云点缀在双龙四周，显现出龙在天上腾云驾雾的气势，使得龙霸气而生动、吉祥而隆重，其寓意大展宏图、奋发有为，如图 6.34 所示。两条飞龙的中间是戏剧人物，表演着戏曲故事，也与胡氏宗祠古戏台的主题不谋而合。

图 6.33 涨家溪村金氏宗祠古戏台石柱础上的云头纹样

图 6.34 岙胡村胡氏宗祠仪门梁上的龙纹样和云头纹样的组合

4. 字符纹

字符纹样是一种将字体变形所产生的装饰图案，如万字纹样、工字纹样等，多运用在门窗、围栏上形成花格，如图 6.35 所示的岭下村胡氏宗祠古戏台栏板字符纹样，也雕刻作填充图案或锁边图案。

5. 卷草纹样

卷草纹样是我国主要的传统装饰之一，是一种汲取了多种植物造型变化特征所产生的抽象装饰纹样，常与花卉蔬果、祥禽瑞兽进行组合出现。卷草纹样通常以一条 S 形曲线为骨架，以不断延伸的形式展开，如图 6.36 所示涨家溪村金氏宗祠古戏台的卷草纹样。这种变化给人一种延绵不止的感觉，让人感受到无尽的生命力。卷草龙纹样是将卷草与龙组合在一起形成的纹样，如图 6.37 所示的清潭村双枝庙古戏台厢房栏杆下的卷草龙纹样。也有将卷草纹样作为其他纹样的底纹，为画面增添层次。

图 6.35　岭下村胡氏宗祠古戏台栏板的字符纹样

图 6.36　涨家溪村金氏宗祠古戏台的卷草纹样

图 6.37　清潭村双枝庙古戏台厢房栏杆下的卷草龙纹样

6.2
雕刻技法

三雕是木雕、石雕、砖雕三种传统雕刻工艺的简称。宁海古戏台建筑群中木雕较多，石雕和砖雕较少，下面以木雕工艺为例阐述这种雕刻技法在宁海古戏台建筑群中的运用。随着社会发展，百姓对戏台的需求不只是停留在简单的唱戏和观戏层面，而是开始注重对戏台装饰的审美。通过构造形式的演变以及精美的样式来提升百姓听戏时的五感和演员过场时的体验感。宁海古戏台建筑群中的装饰艺术大多体现在多样化的雕刻手法上，可以说是无处不雕。

6.2.1　木雕

1. 圆雕

圆雕多使用于牛腿、斗拱、垂花柱等构件，也做独立装饰使用。圆雕也称立体雕，是对整个构件进行全方位雕刻。装饰构件是独立完整的个体，不依附于任何背景，可以全方位观赏。半圆雕是圆雕的另一种表现形式，指利用圆雕工艺雕刻出要表达的主要部分，舍弃次要部分，形成圆雕艺术意象的一半，另外一半大多还是在原始的板面上，使用浮雕工艺展现。

山下刘村刘氏家庙仪门的牛腿采用圆雕工艺雕刻了一只鹿，背景的草装饰则使用浅浮雕进行粗略描画，如图 6.38 所示。次间牛腿雕刻着大象，是采用半圆雕的雕刻手法，如图 6.39 所示，大象耳、身体上的装饰纹理，背景的松柏等细节采用了浅浮雕工艺。

图 6.38　山下刘村刘氏家庙牛腿圆雕鹿

图 6.39　山下刘村刘氏家庙牛腿半圆雕大象

2. 浮雕

浮雕可分为浅浮雕、高浮雕（也称深浮雕）、平浮雕（也称为平雕）。宋代李诫所著的《营造法式》记有“压地隐起”“剔地起突”“减地平钑”三个术语，“压地隐起”即浅浮雕，“剔地起突”即高浮雕，“减地平钑”即平浮雕。浮雕是按所选内容在原材料上进行雕刻，以形成凹凸面。

1）浅浮雕

浅浮雕雕刻的图案会高出雕刻平面，但所雕刻的体形凹凸程度不到圆雕的一半，观者基本只能从一面观赏。清潭村双枝庙古戏台栏杆装饰着六块浅浮雕的雕板，画面中倒挂的蝙蝠咬住穿着玉环的绳子，绳子的另一端系着两条红色的鲤鱼，有吉祥之意，如图 6.40 所示。

2）高浮雕

高浮雕雕刻的图案会比较突出，所雕刻的形体凹凸程度大于圆雕的一半，立体感比浅浮雕强，明暗对比强烈，视觉效果好，观者可以从一至两个面进行观赏。峡山村尤氏宗祠的梁雕刻了一幅双凤牡丹图，整体采用高浮雕工艺，如图 6.41 所示。清潭村双枝庙的看台板画面由戏曲打斗故事构成，整体采用高浮雕工艺。

图 6.40　清潭村双枝庙古戏台栏杆上的浅浮雕

图 6.41　峡山村尤氏宗祠梁上的高浮雕

3）平浮雕

平浮雕也叫线雕，讲究以线为主，以面为辅，线面结合，雕刻内容距板材 2～5 毫米。在极小的厚度中雕刻出富有空间感的画面，使其薄却有立体感。平浮雕在宁海古戏台的雕刻中体现较少，宁海城隍庙牛腿雕刻着如意卷草纹样，通过平浮雕工艺将植物自然生长的状态展现出来，如图 6.42 所示。

3. 透雕

透雕又称镂空雕，是将浮雕没有图像内容的部分直接掏空，雕刻图案与镂空部分产生强烈对比，极富有装饰性。潘家岙村潘家宗祠藻井构件采用透雕形式，蝙蝠纹样、花卉纹样、回字纹样、卷草纹样等各种图案都会同时表现出来，更显层次感，如图 6.43 所示。下浦村魏氏宗祠古戏台“出将”（图 6.44）“入相”洞口上部装饰着透雕木构件。

图 6.42　宁海城隍庙牛腿上的如意卷草纹样平浮雕

图 6.43　潘家岙村潘氏宗祠藻井上的透雕

图 6.44　下浦村魏氏宗词古戏台“出将”“入相”透雕木构件

6.2.2　石雕、砖雕

宁波石雕历史悠久，由于南宋的国都为临安（今浙江杭州），故技艺高超的石匠都随着朝廷迁往南方，恰逢宁波特有石材（梅园石和青石）适合石雕，北方的石匠在江南开启了全新的创作空间，石雕的工艺水平就在南宋达到了历史的新高度。石雕构件主要有石家村崇兴庙仪门万字纹的石花窗和须弥座、皇封庙正殿的盘龙石柱、柘浦街村街边戏台石柱、涨家溪金氏宗祠古戏台的石狮子、及所有木柱下设的石柱础。石柱础形式较为简单，以素面为主，偶见宗祠的正殿石柱础上有简单的线条纹样点缀以增加装饰性。宁海古戏台建筑选用砖雕工艺作为装饰是非常少见的，目前仅在宁海城隍庙院墙镶嵌着大小不一的七块砖雕，如图 6.45 所示。

图 6.45　宁海城隍庙院墙上的砖雕

6.3
彩画

彩画是我国古建筑的重要组成部分，是极富特色的装饰。在明清时期，古建筑彩画达到了巅峰，形成南北两种不同的风格。南方彩画以民间风格为主，形成了独特的民间彩画体系。北方的彩绘以官方风格为主，形成了以官方彩画为主体的彩画体系。宁海古戏台建筑的彩画形式、色彩、技艺等都属于民间彩画体系，有着鲜明的南方民间文化特色。

6.3.1 历史简介

我国古建筑彩画的历史由来已久，在春秋时期开始出现，在秦汉时期发展成熟，到明清时期走向鼎盛。最初人们只是在木料上涂刷油漆来防止木料受潮，仅仅只是单色油漆。随着社会的发展，逐渐有了各种纹样和图案，装饰由简到繁，渐渐走向精致。彩画不仅具有重要的装饰作用，还起到保护古建筑木构件的作用，既美观又实用。不同历史时期，古建筑彩画有着不同的形制，从开始的单一逐渐到繁复，再到明清有了固定的构图形制。古建筑彩画分为枋心、箍头、藻头和盒子四个部分。枋心是彩画的中间位置。箍头是檩枋尽端处的彩画线，有“箍在枋的两头”的意思。藻头是在箍头和枋心之间的位置，左右对称。盒子是两箍头之间的位置。

宁海古戏台建筑群在枋、梁、斗拱、雀替、藻井等木构件上绘制彩画，颜色以红、黄、青、黑、白为主，色彩之间搭配协调，彩画有各式纹样、图案以及戏曲故事等，呈现出绚丽宏伟的古戏台建筑装饰，如图 6.46 所示的下浦村魏氏宗祠古戏台的彩画枋。木构件绘制戏曲人物故事与动植物彩画相交替，或者是连着都是戏曲人物彩画，在藻头绘制山水花鸟彩画，在盒子绘制戏曲故事、人物等彩画，如图 6.47 所示的下浦村魏氏宗祠仪门卷棚下的彩画。

图 6.46　下浦村魏氏宗祠古戏台的彩画枋

图 6.47　下浦村魏氏宗祠仪门卷棚下的彩画

6.3.2 彩画工艺

传统木结构建筑为了加强木料的防腐蚀、防虫蛀，增加古戏台建筑寿命，提高古戏台使用的安全性、可靠性，通常运用漆画工艺对古戏台木构件的表面进行保护处理，并绘制油饰彩画装饰。油饰彩画主要是用油漆刷饰，油漆是以植物性油料（桐油、大漆）为主要原料，采用不同的施工工艺涂在构件表面，在此基础上绘制彩画，以此来保护和装饰古戏台建筑。

1. 桐油工艺

桐油是通过挤压桐树果实而得到的，是一种优良的干性植物油，具有干燥快、耐热、耐酸碱、附着力强、防腐、防锈等特性，用途十分广泛。桐油分为生桐油和熟桐油两种：生桐油主要被运用于医药和化工；熟桐油由生桐油加工熬制而成，可代替清漆和油漆等涂料，主要用于木材保养、保护。桐油具有杀菌消毒作用，能防止木材表面腐败菌生成，增强防虫作用。

桐油工艺是在木构件上涂上一层保护油饰，主要是为彩画作基础，避免油漆直接接触木材，在桐油上绘画可以保存得更久，也可以防止木材出现开裂开缝、腐蚀虫害等。宁海属亚热带季风气候区，高温多雨湿热的气候容易产生霉菌而腐蚀木材。为了保护宁海古戏台建筑的木构件，工匠通常采用桐油工艺予以保护。

2. 油漆彩画工艺

早期的中国传统建筑只在木构件上刷桐油保护，后来慢慢在古建筑上出现雕梁画栋，形成一系列油漆彩画装饰。漆画工艺根据不同的工艺技法，可分为刻漆、堆漆、雕漆、嵌漆、磨漆等。

宁海古戏台建筑群的仪门门板常绘制着门神彩画，以祈福平安吉祥，常用堆漆画工艺。堆漆画是将泥塑、浮雕、油画三者相融合，以木屏作画板，经过抹灰、画稿、堆灰、磨光、修整、上漆、涂彩七道工序，用彩色油漆堆砌起来的浮雕式彩画。堆漆画起源于寺庙里的楹联、匾额和店铺招牌上的花纹图案。堆漆画的色彩丰富艳丽，其浮雕式的立体感具有强烈的装饰效果，在自然状态下可以长时间留存，具有不易脱落、褪色的特点。下浦村魏氏宗祠仪门有六位用传统堆漆工艺绘制的门神，中门绘制着民间流传最广的两位武将门神，即秦叔宝和尉迟恭，如图 6.48 所示，左右边门堆漆工艺绘制的其他武将，如图 6.49 所示。

图 6.48　下浦村魏氏宗祠堆漆工艺绘制的门神——秦叔宝和尉迟恭

图 6.49　下浦村魏氏宗祠左右边门堆漆工艺绘制的其他武将

宁海古戏台建筑群的各类木构件运用油漆绘制各式纹样作为点缀，纹饰以植物为主，植物中又以花卉为主体。戏台的额枋、斗拱、藻井等部位画着卷草纹样或卷草与花卉结合的装饰纹样，如图 6.50 所示的溪边村竺氏宗祠藻井的彩画。藻井的四个角上常画有龙、凤、蝙蝠、鹿等瑞兽装饰彩画，寓意吉祥如意。

宁海古戏台建筑群还会用宁波特有的朱金漆木雕装饰各个木构件。朱金漆木雕是在木构件经过雕刻装饰后，对其上漆、贴金、彩绘，并运用砂金、碾银和开金等工序，绘制出金彩相间、生动形象的彩画，素有“三分雕，七分漆”之说。朱金漆画表现内容丰富，题材广泛，有人物故事、花鸟鱼虫（图 6.51）、山水风景、神话传说等，其形成与传承主要源于民间信仰与民俗文化活动，并受到自然环境等因素的影响。

图 6.50　溪边村竺氏宗祠藻井彩画

图 6.51　下浦村魏氏宗祠仪门檐下朱金漆木雕

6.4
灰塑

灰塑又称灰批，是用石灰沿建筑屋脊或建筑墙壁进行雕塑造型的工艺，盛行于明清时期。

宁海古戏台建筑群的灰塑工艺主要用于建筑屋顶的装饰。戏台、正殿的屋脊常有咬脊鸱吻、瓦将军、福禄寿等装饰，如图 6.52 所示的柘坑戴村永丰庙古戏台屋顶鸱吻、福禄寿，采用浮雕、圆雕等手法的灰塑工艺。灰塑工艺不仅讲究形式美，而且注重寓意。峡山村尤氏宗祠正殿、仪门的屋顶上装饰着八组瓦将军，如图 6.53 所示，主要表达《三国演义》的经典故事，寄托着百姓祛邪、避灾、祈福的美好愿望。

图 6.52　柘坑戴村永丰庙古戏台屋顶鸱吻、福禄寿

图 6.53　峡山村尤氏宗祠瓦将军

6.5 匾额

匾额是一种宽度较长、高度较小、厚度较薄的装饰构件，通常采用木材制作，题字后挂于额枋之上，故称“匾额”或“匾”。匾也称“扁”，《说文解字》解释“扁”是为“署门户之文也”。匾额挂在门楣上既能作为装饰，又能体现建筑物名称与性质，成为抒发感情的文学艺术形式。匾额上的字数以三个或四个字为主，形式分为竖式与横式两种。匾额用途较多，大到宫殿神庙、会馆宗祠，小到亭台楼阁、店铺民居，都会将匾额悬挂于院门或厅堂。

宁海古戏台建筑群的匾额主要位于戏台、仪门和正殿，彰显着历史悠久、文化底蕴深厚的建筑风貌。匾额多为木质、长方形，黑色底漆金色文字或者红色底漆金色文字，字体以楷书和行书为主。通常情况下，戏台上的匾额会悬挂在引人注目的位置，其中最为普遍的是悬挂在戏台前后台之间的隔断上方。下浦村魏氏宗祠戏台上悬挂着一块黑色底漆金字的横匾，上面题写着行云流水的“半入云”文字（图 6.54），这也暗合了

图 6.54　下浦村魏氏宗祠古戏台匾额

魏氏宗祠采用“劈作做”工艺营造的特点。“出将”和“入相”的门洞上分别题写着“来兮”和“归去”的文字，而八字屏风巧妙地将前后台分割开来。

仪门上的匾额悬挂于明间正大门上方，匾额上常写有某某宗祠、某某家庙或某某庙等文字。长洋村郭氏宗祠仪门悬挂着黑色底漆金字的匾额，尺寸较大，与檐廊的卷棚顶、彩画相映成趣，显得庄重而富丽，如图 6.55 所示。

正殿内的匾额常悬挂于明间的檐廊梁上或殿内梁上，它是正殿内不可或缺的装饰元素。有些祠庙建筑的殿内悬挂数块匾额，但最主要的匾额悬挂于明间，其余匾额位于次间或稍间的梁上。这些匾额在一定程度上起到了烘托正殿庄严气氛，增强室内空间的效果。龙宫村陈氏宗祠的正殿挂有数块匾额，彰显着庄严肃穆的气氛和深厚的文化底蕴，如图 6.56 所示。

图 6.55　长洋村郭氏宗祠仪门匾额

图 6.56　龙宫村陈氏宗祠正殿匾额

匾额以其书法之美和雕刻之美成为宁海古戏台建筑群重要的装饰元素，尤其在仪门、戏台、正殿悬挂匾额已形成固定模式。匾额多为文人墨客或者地方政要所书写，其内容避直含雅，融合了戏曲、建筑、书法和宗教信仰文化，艺术性极强。

6.6
楹联

楹联是指写在纸上或刻在竹子、木头、柱子上，对仗工整、平仄协调的对句或联语。楹联的使用开始于明代，盛行于清代。楹联形式多样，主要分为雕刻式和抱柱式。雕刻式是将楹联直接雕刻在石柱上。宁海古戏台建筑群最常用的楹联是抱柱式，就是将楹联内容刻在木板上，并悬挂于柱子上，如图 6.57 所示的峡山村尤氏祠堂檐廊的楹联。岙胡村胡氏宗祠古戏台上的楹联直接书写在柱子上，黑色底漆金字有岁月痕迹，如图 6.58、图 6.59 所示。有些无楹联的祠庙建筑也会在进行演剧活动或节日庆典时，在柱上张贴书写在大红纸上的楹联，以增加气氛。楹联也称对联，是指人们通过文学艺术、书法艺术等方式，暗示或表达对古戏台感情的文字。楹联大多是名人文士所题，文学魅力极强，观者看戏之余亦可赏玩揣摩。楹联内容具有很强的教化性与警世性，也有用楹联点明戏台的本质。岙胡村胡氏宗祠古戏台前檐柱上书写的楹联为“一方平台演尽古今风流”“数尺之基走遍天南地北”。楹联用最为精练的文字表现丰富的生活百态，融合了文学价值和戏曲艺术，为戏台增添魅力。

图 6.57　峡山村尤氏祠堂檐廊楹联

图 6.58　岙胡村胡氏宗祠古戏台楹联（一）

图 6.59　岙胡村胡氏宗祠古戏台楹联（二）

6.7 隔断

隔断是指古戏台用来分隔戏台前后场空间的屏风与屏门。古戏台上通常会设有左右两侧的上下场门用于连通前后台空间，前台为戏台，后台为化妆、换装等用途的扮戏房。采用屏风或屏门等形式的隔断能够有效隔离前台和后台，既便于演员更换戏服及中场休息，又可以在唱戏时增添音响效果。

宁海古戏台的隔断大多采用木制屏风组合，呈八字形，两翼可根据需要展开，也有简单的一字形屏风，如图 6.60 所示的岙胡村胡氏宗祠古戏台隔断。在前台、后台空间要求畅通时，只需要拆卸屏风即可，具有非常大的灵活性。屏风数量按戏台的规模来决定，以四至六扇居多，呈对称结构。每扇屏风的格心和绦环板是装饰的重点部位，常采用彩绘、雕刻等工艺。隔断彩绘图案丰富（图 6.61），以神仙为主，也有用牡丹、月季、松树、瑞兽等元素作为主题的。

图 6.60　岙胡村胡氏宗祠古戏台隔断

图 6.61　清潭村双枝庙古戏台隔断

第7章

宁海古戏台建筑群的营造技艺特点

我国是一个多民族的国家，每个民族都有自己的风俗习惯和生活习性，同时因自然环境不同，在漫长的历史发展进程中，每个民族都形成了独具特色的营造技艺体系与建筑样式。这些传统营造技艺是中华民族独特而丰富的遗产。但由于种种原因，长期以来人们忽视了对这一宝贵文化遗产的挖掘和保护，使它面临失传或消亡的危险。因此，对其进行系统的发掘、整理、研究，具有重要的学术意义和现实意义。

按照历史文化、地方审美和工匠的习惯做法来划分，比较有名的营造技艺流派有苏州香山帮，徽州帮，浙江东阳帮、宁绍帮，江西赣派，山西晋派，北京京派，等等。但无论哪一流派，它们的共同特点是遵循因地制宜、就地取材的原则，强调实用和美观相结合，同时受气候、地理和经济状况等因素影响，具有鲜明的地域性和独特性。浙东地区传统建筑具有相近的风格及样式：布局紧凑有序，空间层次清晰，装饰手法丰富多样，色彩和谐统一，建筑结构相近，营造技艺相近。

宁波保国寺、宁海古戏台、天一阁、庆安会馆等建筑彰显了浙东地区传统建筑营造技艺的辉煌成就，这离不开一代代浙东工匠高超的营造技艺。从某种意义上说，传统建筑是匠人智慧的结晶，以其勤劳智慧和卓越才能为我们留下了宝贵的遗产。传统营造技艺是我国的非物质文化遗产之一，它本身是一份完整而系统的“活”遗产。可见传统营造技艺不仅是一项技术性很强的工作，更是一门综合性较强的艺术表达方式。

7.1 建造组织和工艺传承

7.1.1 工匠师傅

建筑行业的工匠主要由两类人员组成。一类为本土农民，闲暇之余兼作工匠，另一类是专职从事建筑行业的工匠或专业技术人员。在传统建筑的营造过程中，木匠、泥瓦匠、石匠、油漆匠、铁匠等专业人士各司其职、协同配合，共同发挥各自的专业优势。根据建筑规模的不同，营造团队的工匠数量有几个到几十个不等。但木匠在传统建筑营造工作中扮演着至关重要的角色，他们常常是这项工作的引领者和总负责人。木匠的职责在于监管、指导和协调各个工种之间的衔接关系，以确保工序的无缝衔接。木匠不仅需要具备扎实的专业知识，还需要具备一定的审美素养，以确保传统建筑在营造完毕后能够达到预期效果。

木作工种分为大木作和小木作。大木作是由柱、梁、枋、檩等构件组成，是传统木构

面雕刻着水果，底部为牡丹花，如图 7.10 所示。山墙处石质墀头底部雕刻着“草物尽观皆可得，四时佳兴与人同”，如图 7.11 所示。

图 7.10　下浦村魏氏宗祠东厢房牛腿上雕刻的瓜果纹样

图 7.11　下浦村魏氏宗祠东厢房山墙石雕

正殿前檐廊梁上的雕刻表现了“劈作做”浑然天成的高超工艺。虽然两侧梁上表现主题都是戏曲题材，但牛腿上的雕刻纹样及雕刻技法、戏曲人物及故事场景还是有较大差距的，如图 7.12、图 7.13 所示。正殿中轴线西侧的梁上人物更多、面部表情及动作更加生动、植物等配景更加协调，因而显得更加精美。在仪门中轴线的交接处，花拱（图 7.14）和坐斗的纹样也是不同的。左侧花拱如意头浑厚有力，显得较为朴实。坐斗施以蓝色彩漆，色彩更加突出。右侧花拱采用浅浮雕技法雕刻着卷草、如意等纹样，显得较为精致。虽然左右侧花拱纹样略有不同，但形式基本接近，这也是“劈作做”工艺的特色。

图 7.12　下浦村魏氏宗祠正殿中轴线东侧前檐廊梁牛腿上的雕刻

图 7.13　下浦村魏氏宗祠正殿中轴线西侧前檐廊梁牛腿上的雕刻

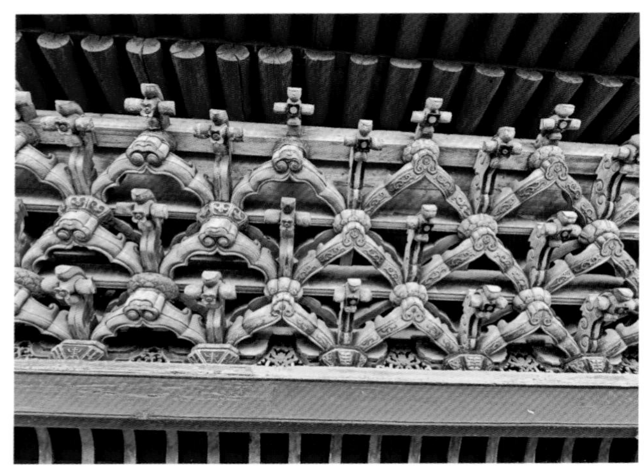

图 7.14　下浦村魏氏宗祠仪门花拱“劈作做”工艺

7.3
宁海古戏台的营造流程

7.3.1　古戏台营造前的准备

古戏台属于公共建筑，是依附于祠庙建筑而营造的，通常营造在街边、河岸。作为特殊的文化空间，其形制、营造方式与普通民居有着较大差异。在营造古戏台的过程中，资金的筹集、工匠团队的确定、材料的准备、营造、验收等环节都是必不可少的。

1. 筹集建设资金

营造祠庙建筑要先解决资金问题。筹集建设资金有以下三种途径。

（1）家族成员自愿提供资金支持。

祠庙建筑的营造离不开充足的资金支持，缺乏资金将使其难以建成。营造规模较大、雕刻精美的祠庙建筑所需的资金相当可观。在我国广大乡村，一个村庄通常会建有一个或多个姓氏的宗祠，供宗族成员祭祀。由于受宗族文化的影响，宗祠在某种程度上象征着宗族的昌盛繁荣，因此，多数宗族成员慷慨解囊，捐赠资金。每个宗族都有若干个成功的人士，他们在创业的道路上不断拼搏，最终成就了自己的事业。然而，他们内心深处始终怀揣着对故土的深深眷恋和对祖先的无尽敬仰之情，这种情感在他们的生命中扮演着至关重要的角色。他们常常慷慨解囊，出力献策，这样做不仅是为了回报社会，也是出于精神的慰藉。

（2）确立资金筹集比例的分配方案。

年长的宗族成员坚信宗族成员之间的和睦、团结和互助是至关重要的，因此他们极力推崇这种宗族价值观。受到传统文化思想的深刻影响，他们坚信自己的后代应该继承和弘扬祖先的美德，并将这种精神融入他们的日常生活中。因此，他们是祠庙建筑修建或新建的推动者和参与者，同时，祠庙建筑也是村内重要的历史建筑，具有很高的文化和历史价值，因此村集体组织会制定相应的规章制度，村民或按一定比例或自愿捐赠筹集资金，如图 7.15 所示的公告牌。

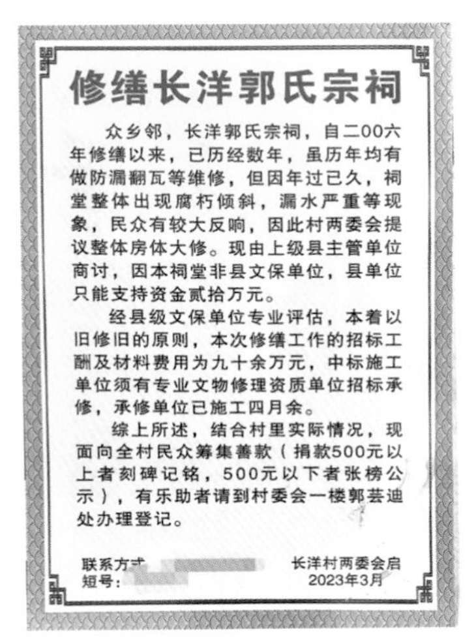

修缮长洋郭氏宗祠

众乡邻，长洋郭氏宗祠，自二00六年修缮以来，已历经数年，虽历年均有做防漏翻瓦等维修，但因年过已久，祠堂整体出现腐朽倾斜，漏水严重等现象，民众有较大反响，因此村两委会提议整体房体大修。现由上级县主管单位商讨，因本祠堂非县文保单位，县单位只能支持资金贰拾万元。

经县级文保单位专业评估，本着以旧修旧的原则，本次修缮工作的招标工酬及材料费用为九十余万元，中标施工单位须有专业文物修理资质单位招标承修，承修单位已施工四月余。

综上所述，结合村里实际情况，现面向全村民众筹集善款（捐款500元以上者刻碑记铭，500元以下者张榜公示），有乐助者请到村委会一楼郭芸迪处办理登记。

联系方式：
短号：

长洋村两委会启
2023年3月

图 7.15　公告牌

（3）政府资金扶持和政策引导。

明清时期的祠庙建筑是一项珍贵的历史文化遗产，具有很高的艺术价值和研究价值，其文化内涵更是博大精深。随着我国经济社会发展和文化事业的繁荣，祠庙建筑作为珍贵的历史遗产引起了极大关注。对它们加以科学、合理的保护与开发，有利于弘扬民族优秀传统文化，丰富人民群众的精神文化生活。各级政府和社会各界人士都肩负着重要的责任，必须采取正确的措施来保护和利用这些资源，这也是建设社会主义新农村、构建和谐社会的重要组成部分。因此，为了确保祠庙建筑的历史价值得到妥善保护，各级地方政府拨出相应的经费或制定相应的政策措施。特别是对于被列入文物保护单位、文物保护点的祠庙建筑，政府提供专项资金。

2. 确定营造团队

宁海地区传统建筑的营造团队有由“把作师傅”牵头的传统工匠团队和正规的古建筑公司。传统工匠团队一般由一名“把作师傅”带领几名到十几名工匠组成，成员一般都是当地比较有名气的匠人，他们之间互相协助、共同工作。这样的营造团队如今已不多见，但部分老工匠仍坚守着这种模式。因传统工匠团队技术好、口碑好，在当地很受欢迎，所承接的工作多为民间集资新建或修缮的祠庙建筑或传统民居，这也是传统工艺保存与传承的重要模式。大部分营造团队是正规的古建筑公司，具备相应的施工资质。规模比较大的古建筑公司资质较齐全，有设计、规划、施工、修缮等资质。有些古建筑公司不乏传统营造技艺的非遗传承人。

根据规模大小，营造团队分为两类。第一类是小规模公司，工匠以当地匠人为主，所承接的工程也以当地的项目为主。团队负责人既是企业管理者，也是工艺精湛的工匠。他负责寻找工程、采购材料、团队运营及项目实施等方面的事务。2011 年，市级非遗传承人葛招龙发现古建筑修复要求不断提高，就把一群当地的能工巧匠集合在一起，组建了葛招龙工匠团队，如图 7.16 所示。随着团队规模的不断扩大，承接项目的不断增加，葛招龙

图 7.16　葛招龙工匠团队（现为宁波缑乡古建筑有限公司）

工匠团队改为宁波缑乡古建筑有限公司。葛招龙说："我们古建筑团队的师傅多是老匠人，手艺精湛。通过这种方式既可以发挥他们的余热，体现他们的价值，又可以将非遗文化传承下去。"

第二类是大型的古建筑公司，它们由一支比较稳定的设计团队和施工团队组成。这类企业大多有几十年历史，拥有相应的资质、技术及质量均处于行业领先地位，在当地有一定的影响力，业务范围遍及全国。如象山县古建筑建设有限公司、临海市古建筑工程公司等企业专门从事传统建筑设计规划、仿古建筑工程和文物保护修缮及设计施工，积累了丰富的经验。大型古建筑公司有许多能工巧匠和专业技术人员，分工明确，精通业务，为企业赢得了很好的声誉。企业又具备良好的经营能力和管理水平，因而成为了行业的佼佼者。

对于规模较小的工程项目，业主可以直接委托营造团队建造。对于规模较大或维修资金较多的项目，业主采用邀请招标、公开招标等多种方式，最终确定营造团队。

3. 准备材料

宁海传统建筑主要使用的材料有木、砖、瓦、石。在传统建筑维修过程中会使用回收的建筑材料，比如旧木材、旧砖瓦、旧石板。这些材料经过适当的加工处理，可重复利用，并能有效地避免资源浪费，在环保方面有一定成效。由于新旧材料所蕴含的文化信息存在差异，因此很容易导致历史信息的混淆，从而产生使用新材料维修传统建筑出现不协调的情况。因此，在建筑营造时，必须确保建筑的原真性，如图 7.17 所示。只要建筑形式得以延续，即使失去了旧材料所承载的岁月价值，建筑本身仍能通过整体形象传递历史信息，呈现出其独特的历史价值。

图 7.17　建筑的原真性

在传统建筑的营造过程中，木材是最常用的材料之一，而如何进行木材的筛选和加工制作则是至关重要的环节。

（1）选料。

在传统建筑的营造过程中，“大木老司”扮演着不可或缺的角色，其重要性不言而喻。凭借多年的实践经验，他们根据建筑的规模和精美程度，明确了各种材料所需的数量、种类和规格，包括柱子、梁枋、檩条的位置、大小和数量，特别是对木材用量的推算，以确保建筑的高品质和可靠性。此外，在考虑建筑材料的选择时，必须综合考虑使用环境和业主的经济状况，以确保选择的材料能够最大程度地满足业主的需求。在进行砖、瓦、石等材料的采购时，可根据实际需求进行现场采购，以确保采购过程的高效性和材料的质量。另外，还要充分考虑施工组织设计及施工进度计划，并通过严格有效的控制手段来保证工程顺利进行。上述种种都是对“大木老司”营造技术、协调能力和管理能力的考验。

宁海地区传统建筑最常用的木材是杉木（图 7.18）和松木（图 7.19），杉木更受人喜爱。杉木具有良好的干燥性能、抗虫蛀能力、高强度、轻自重、强耐腐性、直纹理、不易弯曲和开裂、材质坚韧易加工等一系列优点，使其更适应浙东沿海地区的气候，因此在传统建筑中常采用杉木作为木构架。但在交通不方便、经济也不发达的山区，传统民居使用松木作为木构架也是比较常见的，但祠庙建筑材料仍以杉木为主。俞氏宗祠作为马岙村内最为精美的建筑之一，巨大的木柱支撑着整座祠堂，成为了整个村庄的象征。松树较杉木的生长速度慢，适应性强，所以应用也比较普遍。松木具有较高的硬度和横向受力性能，因此它是一种具有良好抗弯性能的木材，常作为梁、桁、枋等受弯构件。此外，松木还可用于建筑装饰，例如作为护墙板、木地板以及门窗等构件。

图 7.18　杉木

图 7.19　松木

（2）截料。

大木匠（图 7.20）在加工前，用专门的木作工具对木材的含水率、节巴、裂缝等进行检查和处理，以确保大木构件的质量及安全性能。木构件制作时，应认真、仔细地核对尺寸、形状和位置，确定是否符合标准，正确无误后才开始进行下料，并注意画线准确，保证柱子、梁（图 7.21）、枋、檩条（图 7.22）等构件截面尺寸的承重强度。首先选好柱料，然后再选梁料。梁料要按照先大梁后小梁的顺序分别加工。柱子制作时按柱高加适当的备用长度截料，并按要求挂线。当檐柱向里有一定倾斜度时，须在柱中线内侧加弹一条柱子至柱脚的垂直线，安装时用这道垂直线校正。各梁架制作时，应按图示尺寸和榫卯长度截料，先弹出水平线，再弹抬头线，然后倒楞，按照水平线做出檩碗，最后在梁底弹出十字中线，各梁架制作尺寸要准确。圆檩制作时，也要按图示尺寸和榫卯长度截料，迎头放十字线，砍圆刨光，弹出上、中、下线，做出上、下金盘。

图 7.20　大木匠

图 7.21　梁

图 7.22　檩条

7.3.2 基础营造

宁海盛产石材，因此无论是修建建筑基础还是雕刻石花窗，都是来自周边山上的石料。选作基础的天然石材具有强度高、质量好的特点，而且施工简单方便，成本低廉。蛇蟠石纹理细密、颜色柔和、易于雕刻，用来制作石花窗。由于蛇蟠石质地不够坚硬，因此不能作为承重构件。

房屋的稳定性在很大程度上取决于地基的稳固程度及基础的承载能力。宁海古戏台建筑基本为二层楼房，采用传统木构架来承受屋面和楼面荷载，结构自重较轻，因而对地基和基础的要求并不高。宁海大多数地区的地基承载力较高，且土层分布比较均匀，因此在施工过程中，只须将开挖深度控制在原土标高以下即可。而在薛岙村、潘家岙村、樟树村等靠近海边的乡村，其地基属于软土地基，需要加固处理才能满足建筑的承载力要求。传统做法是由两位师傅抬着夯土的木桩，通过一次次锤击垫层增加垫层的密实度，从而将垫层夯实。

那些经济条件优越的业主则采用条石砌筑基础。木柱下设独立块石基础，放置柱顶石，柱顶石上放置石柱础。石柱础高约30厘米，以方形、鼓形为主，并没有过多雕饰。在木槛墙或石槛墙的下部常设地袱石，地袱石的长度刚好是柱础之间的距离。为了解决室内的通风问题，地袱石上常雕刻精美的通风孔，以铜钱纹居多。石柱础上安装木柱，避免了木柱下部因潮湿而引起的腐烂。古戏台的台面以下架空，高大的立柱直接穿过戏台台面，矗立于地面的石柱础上。

7.3.3 大木构件安装

在宁海传统建筑中，大木构件的安装方式与传统木构架的施工方式存在诸多共通之处。传统的营造技艺不仅可以保证传统建筑木结构的安全性，还能提高其使用寿命。按照“大木老司”的要求，将精心制作完成的柱子、梁枋、檩条、椽子等各类构件组装起来，称作大木安装，也叫“立架”“竖屋”。在进行大木安装时，必须确保各个木构件之间的协调配合，避免出现任何形式的变形，从而保证整个过程的稳定性和可靠性。因此大木安装是一项高度严谨的工作，也是衡量“大木老司”工艺水平的重要标准。

1. 安装流程

在传统建筑的营造过程中，通常会先对大木构件的各个组件进行预先制作，然后再进行安装，这种方式的优点在于拆卸方便。大木构件安装时遵循对号入座、先内后外、先下后上的原则，确保每个构件都能正确安装。大木构件安装之前，要认真核对各构件的尺寸、数量和型号，并事先进行人员的分配布置，以确保安装的顺利进行。针对不同大木构件的高度和尺寸，须确定相应的吊装方式和吊点位置，以达到最佳的吊装效果。檐柱起吊后，为防止柱子倾斜，要用绳子将柱子与架子相连，做好临时固定措施。柱子立完后，就要安装穿插枋、大小额枋，随后将柱子初步找正。大木构件安装完成后铺设檩条、椽子，在椽子上铺设望板或望砖，上盖瓦片（部分等级低的传统建筑直接在檩条上铺设瓦片）。为确保工程品质，必须严格遵守规范要求，每一道工序都需要专人负责，以确保施工过程的顺利进行。在安装完毕之后，还要及时检查构件衔接处是否满足要求。

在此过程中，“大木老司”和木构件加工者不仅要懂得基本的建筑制图知识和技能，还要熟练掌握一些相关专业技术和工具。作为整个项目的总设计师和执行者，“大木老司”根据拟营建的祠庙建筑物形式，精通各个构件的受力方式、连接方式以及安装顺序。“大木老司”要对构件进行详细设计并绘制图纸，为施工提供准确、可靠的数据信息。木构件加工者根据设计图纸在原木上弹墨，标记上构件位置及名称，最终将其加工成为成品构件。与此同时，“大木老司”还须协调泥瓦匠、油漆匠、石匠等，确保他们能够及时跟进工程进度，并提供必要的配合。

2. 上梁仪式

建房举行上梁仪式始于魏晋时期，并一直延续至今。人们在营造房屋时都要举行仪式来表示对祖先和神灵的敬仰，礼仪旨在祈愿住宅永固、财源滚滚、长盛不衰、子孙兴旺。上梁仪式被认为是盖房子时的主要仪式，有强烈的祭祀性、仪式性和象征性。

首先在选择大梁材料时，木材要有一定的硬度与韧性，不允许弯曲变形，表面光滑平整，纹理清晰美观。主屋架立好后，就需要进行上梁仪式。在这之前，业主会请长者挑选上梁的吉日。其次在上梁时，必须确保梁已经稳固地架在马凳上，并盖上了红绸子（图 7.23）。最后等祭神仪式结束后，工匠们合力将大梁提升至屋架最高处安装，并对其进

图 7.23　上梁仪式

行严格检查和加固，以防日后出现问题而影响使用。宁海举行上梁仪式的过程包括将红布悬挂于梁上、摆放供品、抛掷馒头和糖果、燃放鞭炮等一系列烦琐的环节。

7.3.4 墙体砌筑

1. 外墙

宁海传统祠庙建筑的外墙主要位于山墙和后包檐。外墙主要采用青砖空斗砌筑，下部为 5～7 皮砖垒砌，有时会用碎砖和整砖互相交错砌筑，上部为空斗墙，如图 7.24 所示。空斗墙内填充碎砖、碎瓦等，以提高墙体的稳定性。一般每天砌筑高度为三四斗，待第二天蛎壳灰达到一定强度后，再用瓦砾填斗，然后继续往上砌筑，也有部分建筑墙体砌筑形式为实砌墙。墙体的砌筑辅料均采用蛎壳灰，灰缝厚度一般空斗墙为二三毫米，实砌墙为四五毫米。传统建筑外墙装饰以黑白灰为主色调，呈现出“粉墙黛瓦马头墙”的建筑特色。根据墙体的砌筑效果，可以分为双面清水墙、单面清水墙、双面混水墙。

图 7.24　砖墙砌筑方式

2. 内隔墙

内隔墙以木板壁和龙骨砖为主，设置在木柱与木柱之间。木板壁采用木板拼接而成，木板厚度 2～3 厘米，宽约 25 厘米，枋框之内安装上横向或竖向排列的木板，在木板上涂桐油，避免墙体潮湿或被虫蛀。内隔墙底部一般以室内地面标高安装地袱石，内隔墙高度方向与木柱交界处通过抱柱来调整垂直度，便于内隔墙砌筑，内隔墙的顶部一般在穿梁底部设置上槛。上槛与抱柱均设内採口，以提高内隔墙的稳定性。上槛和抱柱的厚度一般为 8 厘米左右，龙骨砖厚 6 厘米左右。一般砌筑间隔五皮龙骨砖，放置一根通长小竹竿。若柱间尺寸较长，还会在木板壁和龙骨砖跨中部位增设小方柱，以增强分隔墙的稳定性。

7.3.5 屋顶营造

檩条是架在梁头位置的、沿建筑面宽方向的水平构件，其作用是直接固定椽子，并将屋顶荷载通过梁向下传递。因此，它必须牢固可靠，才能保证整个房屋的安全使用。椽子是屋面基层的最底层构件，垂直安放在檩条之上。传统木结构建筑中的椽子通常有圆椽和方椽两种，大式做法多为圆椽，小式做法多为方椽。古戏台建筑使用方椽，每条椽子宽5～6厘米，厚3～4厘米。按照小青瓦的尺寸，每两条椽子相距12厘米左右，钉于檩条上。

屋架竖起后，工匠们将一根根檩条抬上房顶，架在立好的立柱顶端，即在每排柱尖齿口上安装檩条。待大木构件安装齐之后，即可开始安装椽子、望板等构件，之后钉檐椽，飞椽附着于檐椽之上，同檐椽一起向外挑出，增加出檐深度，如图7.25所示的岭下村胡氏宗祠古戏台的飞檐。椽子钉完之后，即可铺设横望板或望砖。挑出的椽头部分加钉檐板，以遮盖外露的椽头。檐板保留木本色或刷成黑色、暗红色，起到一定的装饰效果。对宁海古戏台建筑群研究发现，屋顶的位置不同，其构造也各不相同。古戏台屋顶出檐处、仪门卷棚顶或屋檐处铺设望板或望砖（图7.26、图7.27），正殿屋顶基本上都是在椽子上铺设望砖（图7.28），东西厢房的屋顶做法是在椽子上直接干铺一层竹篾（图7.29）。

图7.25　岭下村胡氏宗祠古戏台的飞檐

图7.26　涨家溪村金氏宗祠古戏台屋顶望板

图 7.27　龙宫村陈氏宗祠仪门卷棚顶望板、屋檐望砖

图 7.28　涨家溪村金氏宗祠正殿屋顶望砖

图 7.29　涨家溪村金氏宗祠厢房屋顶干铺望砖

为什么不同部位的屋顶做法有所不同，正在维修梁坑村潘氏宗祠古戏台的工匠们也不能解释清楚。编者认为这种做法主要原因是由古建筑的结构特点、不同部位建筑的重要性差异和当地的气候条件所决定的。

在固定屋顶小青瓦时，需要防止瓦下滑和被风掀起，导致屋顶渗漏水。部分建筑在施工时会在屋脊及檐口处增设卧瓦层，用以加强屋顶小青瓦的防滑效果。小青瓦屋顶一般采用“撞肩做法”，小青瓦屋顶施工一般先做屋脊，再铺屋面，同时做屋顶泛水。做屋脊前，先在靠近屋脊两边的坡面上铺5、6张底瓦和盖瓦作为瓦楞分的标准。从檐口起铺，自下而上，一楞一楞地进行。小青瓦的搭设为上瓦一般盖住下瓦的2/3，俗称“压七露三”。

第8章 宁海国家级古戏台建筑介绍

2006年，国务院公布了第六批全国重点文物保护单位，宁海以石家村崇兴庙古戏台、岙胡村胡氏宗祠古戏台、下浦村魏氏宗祠古戏台、潘家岙村潘氏宗祠古戏台、清潭村双枝庙古戏台、宁海城隍庙古戏台、龙宫村陈氏宗祠古戏台、马岙村俞氏宗祠古戏台、大蔡村胡氏宗祠古戏台、加爵科村林氏宗祠古戏台名列其中。宁海古戏台是全国第一个以戏台群体保护的国家级文保单位，这10座祠庙戏台营造于明清时期，完好保存着当时的历史风貌，集上乘的美学构思、雕刻、彩画于一体，成为宁海古戏台建筑群的杰出代表。

8.1
石家村崇兴庙古戏台

8.1.1 背景概况

1. 历史渊源

石家村崇兴庙古戏台地处宁海县西店镇五市溪北岸、石家村和后溪村之间，崇兴庙由两个村共有。庙东有天门山，西南面有香岩山，北面有见坑岗、洞公岭等自然景观。

据《石氏宗谱》载：石家村、后溪村两村为同一姓氏，村民多为石氏，为宋代新昌石溪奉直大夫石羡问之嗣，祭祀同一境主侯王，供奉同一个祖宗神灵。南宋乾道年间（公元1165—1173年），世居新昌的奉直大夫石羡问迁到宁海县长洋村居住，其孙石载辅分迁到西店香山前后二溪紫回之平川，建村发族。元末明初石氏家族的人口有所增加，分为两个村。

元代，石氏子孙石佑嗣创建了石氏宗祠。清康熙中期，石成崇（公元1643—1722年），字懋仁、奇峰，监修祖祠，又创崇兴庙。道光二十一年（公元1841年），石云台（公元1799—1860年）讳义鼎，字大雷，迁崇兴庙于石氏宗祠左侧，戏台与三连贯式藻井系兼修。耗时数载，聘邀全县名师，最终修建了灿烂精致的平行三连贯式藻井古戏台。未几，因庙堂后面宗祠毁于大火，故崇兴庙亦供奉石氏列祖列宗，成为寺祠合一的建筑。

石家村崇兴庙古戏台在“四时八节”和十月十九日菩萨诞辰时邀请戏班表演，费用由两村分摊或由个人、帮会出资。

2. 建筑特色

石家村崇兴庙古戏台的建筑做工考究、气势宏伟，破除古建筑尊卑制度，使用高规格的三连贯式藻井，做工精细、彩画华丽，如图 8.1 所示。三连贯式藻井这种建筑形式，在全省都是少有的，融注了能工巧匠们的聪明才智。主要建筑构件及彩画等均未进行过重大维修，原汁原味地保留了清中期建筑的特点，看上去古朴大气，具有很高的历史、艺术、科学和社会价值。

图 8.1　石家村崇兴庙三连贯式藻井

8.1.2　建筑形制

1. 平面布局

石家村崇兴庙坐西朝东，仪门设檐廊，前有大道地，庙堂左右建有高墙维护，沿着中轴线的顺序依次是仪门和戏台、勾连廊、正殿、后天井和后宫，两侧为厢房，总面积约 970 平方米，如图 8.2 所示。仪门面宽五开间，设 3 扇门，青砖粉墙，屋面覆盖小青瓦。正殿正对戏台，面宽七开间，为五开间带二弄。南北厢房均面宽五开间。

仪门明间后有戏台，戏台和二开间勾连廊联为整体，屋面纵向搭在仪门和正殿中间，呈工字形，如图 8.3 所示。戏台平面为方形、木构架、四柱着地，面宽 5.5 米、进深 6.2 米，台高 1.5 米。戏台和勾连廊的顶棚筑有藻井三座，称之为“三连贯式藻井”。

图 8.2　石家村崇兴庙航拍照

2. 构造特征

仪门面宽五开间，为两层单檐硬山顶建筑，梁架五檩采用三柱、前后双步结构。明间和两次间设有三扇大门，中门的额枋悬挂“崇兴庙”匾额，如图 8.4 所示。两侧稍间向外突出，山墙一层镶嵌着石花窗，二层设有窗洞。檐廊下施以月梁和穿插枋。

正殿是单檐高平屋硬山顶。梁架九檩采用四柱，前双步后单步的结构（图 8.5）。正殿采用抬梁穿斗混合式木构架结构，明间、次间和稍间用抬梁式木构架结构，两弄采用穿斗式木构架结构。檐廊柱头有坐斗出踩，承托挑檐枋，如图 8.6 所示。南北厢房均为单檐两层硬山顶建筑，面宽各五开间，梁架五檩采用三柱、前双步后单步的结构，如图 8.7 所示。

图 8.3　戏台仪门与正殿的空间关系

图 8.4　“崇兴庙”匾额

图 8.5　石家村崇兴庙正殿室内

图 8.6　石家村崇兴庙正殿檐廊

图 8.7　石家村崇兴庙厢房

勾连廊为纵向搭建，单檐歇山顶，额枋上有坐斗、出三踩，如图 8.8、图 8.9 所示。华拱上有十八斗，上复置两厢拱，承挑檐枋。内额枋平身科三攒，外额枋四攒，外间额枋及平身科也同上。

图 8.8　石家村崇兴庙勾连廊屋顶细部

图 8.9　石家村崇兴庙勾连廊的空间关系

戏台三面设有栏板，前后台之间设有八字形屏风。额枋上有平板枋，平板枋各有四攒平身科，下有垫拱板，七踩三翘、品形斗拱。角柱上斜向重翘四组，以承托老角梁，在老角梁和仔角梁之间放置枕头木。

8.1.3 营造技艺

1. 藻井

戏台上方的藻井属于聚拢式藻井，呈同心圆穹隆顶，以薄壳透雕花板逐层盘筑而成，就像一个倒覆着的巨锅。藻井下口直径 3.6 米，深 1.25 米左右，十六圈花板渐次收缩，汇集于顶部的八卦图。井口一层，周匝有壶门，标志着神仙进出的门户。其上设有十六个坐斗，等距排列，逐层出踩，连接上层斗拱，连成十六条龙。其中八条龙上升到顶端八卦图，八卦图中间原圆雕龙头已不存在。各斗间以镂雕花板为横向联络材，使井身坚固致密。重翘升龙还起到美观和加固上下构造的效果。藻井的周围还用三层小斗拱花板承接着，通体以彩画为主，庄重华丽、龙凤蝙蝠、奇花异卉，经历数百年岁月，依然绚烂多姿，如图 8.10、图 8.11 所示。

图 8.10　石家村崇兴庙第一口藻井（戏台上方）

图 8.11　石家村崇兴庙第一口藻井细部

勾连廊的中间藻井属于轩棚式藻井，中间为八角形，直径 3.58 米，深 1.2 米，其构造和戏台上的藻井大体相同，通体彩画，四角平棋板绘双喜图。内额枋平身科三攒，外额枋平身科四攒，如图 8.12 所示。靠近正殿的勾连廊藻井也属于轩棚式藻井，中间为圆形，大小和构造方法大多相同，通体彩画，白底朱红，古韵不减。角科左、右各有斜昂 4 组、正昂 1 组，由昂头交叠而成。角科上安有老角梁，上有仔角梁，承托翼角，翼角起翘与正厅前檐相叠，如图 8.13 所示。

图 8.12　石家村崇兴庙第二口藻井（中间藻井）

图 8.13　石家村崇兴庙第三口藻井（勾连廊）

2. 装饰

仪门为卷棚顶，檐廊下有月梁和穿插枋，明间柱上设有一对精美的彩画狮子撑拱，俗称牛腿，如图 8.14 所示。挑檐枋则绘有花卉纹，采用外拽厢拱的方式承托。两根檐柱上各有一条“凤鸣朝阳”的木雕牛腿，且尾座上刻着戏曲人物故事。仪门槛墙用红石板砌成，稍间砖墙底部为石质须弥座。

正殿檐柱头上有坐斗出踩，装饰着四只高约 1 米的木雕狮子牛腿，如图 8.15 所示。正

图 8.14　石家村崇兴庙仪门的彩画狮子撑拱—牛腿

图 8.15　石家村崇兴庙正殿的木雕狮子牛腿

殿檐廊额枋和月梁两侧刻“双龙戏珠”“凤穿牡丹”“喜上梅梢”“太公垂钓”等装饰图案。戏台的额枋都施以彩画，虽年代久远但图案仍隐约可见。台柱前有新旧对联两副，分别是“一枝花开向牡丹亭沉醉东风情不断，四声猿惊回蝴蝶梦浩歌明月想当然”“一幅有声图书，满篇无字文章”。

8.2 岙胡村胡氏宗祠古戏台

8.2.1 背景概况

1. 历史渊源

胡氏宗祠位于笔架岭北麓岙胡村，距梅林街道三千米。据载胡姓祖先居住在宁海县城内盛家街上，明初移居项岙。据说胡氏祖先看中了这片四山环抱、一水东流、水丰土肥的风水宝地。因地在山岙内，胡姓聚居，故取名岙胡村。清嘉庆二年（公元 1797 年），邑庠生胡元实（公元 1729—1812 年）率族人先建胡氏宗祠，号“积庆堂”，前厅较简陋，为三开间平房。清咸丰四年（公元 1854 年），以胡寅阶为首事，由族人各房出资兴建，把前厅三开间平房改为面宽五开间的楼房。20 世纪 20 年代，胡氏族人出资整修了戏台及勾连廊（俗称工字屋），增加三连贯式藻井，使建筑更加精美。

2. 建筑特色

岙胡村胡氏宗祠整体保存较好，结构巧妙。由于当时各房族筹资有多寡之分，所聘工匠层次各异，为彰显本房族或者本村之强大，由不同出资方聘请不同的工匠团队，采用“劈作做”工艺。故今日以中轴线为分界，东、西两面可见显著差异。

图 8.16　岙胡村胡氏宗祠三连贯式藻井

胡氏宗祠古戏台制作工艺精湛，工艺水平高超，檐下桁、枋、雀替、垂柱、斗拱、牛腿等，用圆雕、浮雕和透雕技法表现，镂刻细腻、刀法熟练。漆痕虽然斑驳，木质纹路仍然清晰。戏台和勾连廊顶棚设三口藻井，构思精巧，布局合理，雕刻细腻，如图 8.16 所示。《三国志》《封神榜》等故事情节点缀于额枋、雀替、牛腿和月梁上，民间工匠们的精湛技艺让人惊叹不已。岙胡村胡氏宗祠集中表现了清代祠庙建筑的艺术特色，对于研究宁海地方建筑工艺发展有很大的价值。

8.2.2 建筑形制

1. 平面布局

岙胡村胡氏宗祠坐东朝西，沿中轴线的顺序是前天井、仪门、戏台、勾连廊、正殿，总面积约 1020 平方米，如图 8.17 所示。正殿朝西，面宽五开间，南北厢房为单檐两层，面宽三开间。仪门明间后部设戏台，与勾连廊相连，纵向连接仪门和正殿屋面，正殿连接南北厢房（即看戏厢楼），形成了工字形的建筑布局。戏台平面为方形，面宽 4.8 米、进深 4.9 米、台高 1.2 米。

图 8.17　岙胡村胡氏宗祠航拍照

2. 构造特征

仪门面宽七开间，为两层单檐硬山顶建筑，如图 8.18 所示。檐廊为三道卷棚顶，两尽间为无檐廊、前凸、砖墙砌筑。檐廊设六根立柱，柱头为镂空变形拱，拱面两边安有蚕形雀替和额枋，如图 8.19 所示。明间施作补间铺作七攒，次间有四攒，稍间有五攒，镂空变形拱假昂各出三跃。

图 8.18　岙胡村胡氏宗祠仪门

图 8.19　岙胡村胡氏宗祠檐廊变形拱

正殿为单檐硬山顶，梁架九檩采用四柱，属于抬梁穿斗混合式木构架结构，如图 8.20 所示。檐廊为轩棚顶（图 8.21），檐柱牛腿呈方形，每组牛腿雕刻着《三国志》人物造型，牛腿上方为龙头纹挑檐枋。

戏台三方敞开，无栏板，台下四柱落地。额枋上施作平板枋，每枋上各有平身科四攒、一斗三升出二跳，外拽如意拱出三跳，外挑檐枋、内承井口枋，如图 8.22 所示。三面额枋上各有方形三层仰莲垂花短柱两根，中部装有花芽子透雕板。勾连廊的第一间额枋和戏台柱连接在一起，横向额枋全部挑枋头，原雕件不存，平板枋各有五攒平身科，出三跳，各有藻井一个。靠近戏台的勾连廊设有六根横向木条，演戏时供观众就座。

图 8.20　岙胡村胡氏宗祠正殿木梁架

图 8.21　岙胡村胡氏宗祠檐廊轩棚顶

图 8.22　岙胡村胡氏宗祠古戏台如意拱细部

8.2.3　营造技艺

1. 藻井

戏台上方的藻井属于螺旋式藻井（第一口藻井），边长约 4.5 米，距台面约 3 米，向右旋转汇集于明镜。十六道龙头状的坐斗往上叠放，出华拱十五跳，从第一跳起，每个华拱右侧斜挑如意小拱一个，形似龙，龙尾归于明镜，盘旋而上，犹如十六条金龙旋转的旋涡，大有翻江搅海的架势，如图 8.23 所示。坐斗被雕刻成龙头状，分设于井口。起到连接和支撑作用的斜连拱花板，随着涡线在穹顶上以不同的斜度、不同的长度旋转。井壁连拱板刻有“双龙戏珠”“戏曲人物”“奔马”“游鱼”等，水草纹样体现藻由水生、水能灭火之意。

勾连廊靠近戏台的藻井（第二口藻井）呈圆形，为聚拢式藻井。额枋上的斗拱各内跳七踩，承托藻井枋井口，上雕饰有小壶门一周，意为天神出入之门户，并在此设八龙八凤坐斗十六个。龙尾停落井中第八道连拱板内，凤尾归结于井顶的明镜，如图 8.24 所示。明镜有一条栩栩如生的彩绘盘龙，龙头向下，口含明珠。井口旁三角形天花板上绘有四头姿态各异、口衔灵芝的仙鹿。

勾连廊靠近正殿的藻井（第三口藻井）呈圆形，为轩棚式藻井，如图 8.25 所示。大小井口分为两道，放射状的经线仅有八条，并在外圈增设卷棚顶。两道井口分别是精美的蝙蝠纹、暗八仙纹彩画。小藻井内各层叠装八道连拱板。第一道井口与第二道井口之间置纵向弧形条木，间以八个凤头坐斗，各与第二道井口内的八条华拱连成一体，汇聚于明镜上。明镜上彩画白、绿、红三条互相缠绕的鱼，你中有我，我中有你。

图 8.23　岙胡村胡氏宗祠第一口藻井（戏台上方）

图 8.24　岙胡村胡氏宗祠第二口藻井（勾连廊）

图 8.25　岙胡村胡氏宗祠第三口藻井（靠近正殿）

2. 装饰

仪门月梁撑枋雕刻精美，雀替镂雕巧夺天工，翔龙飞凤。仪门的明间、稍间共设三扇大门，明间大门上方悬挂金字黑匾“胡氏宗祠”。尽间的八字形墙体用灰塑工艺装饰，有“卍”字、仙鹤、如意、瓜果花卉等纹样，并镌刻一副对联。正殿和仪门檐廊的月梁上雕刻着以“双龙戏珠”“凤穿牡丹”为主题的图案，中间雕饰多组戏曲人物。

戏台设八字形屏风以区分前后台，屏风上写有古诗，因年代久远略显斑驳。额枋正中央写有“飞云驻”，“出将”“入相”上方分别写有“来兮”“归去”，如图 8.26 所示。

图 8.26　岙胡村胡氏宗祠古戏台的屏风及额枋

8.3 宁海城隍庙古戏台

8.3.1　背景概况

1. 历史渊源

城隍庙位于宁海县跃龙街道桃源南路，自古以来就是宁海百姓的活动中心。城隍庙古称邑庙，是人神共治同一城市的象征。西晋太康元年（公元 280 年）设宁海县，县址在三门湾出入口的县城东南白峤村。唐永昌元年（公元 689 年）迁入今城关，同年建城隍庙。历代邑令都十分重视对城隍庙的修建，自宋代至民国进行了七次重大的扩建和修缮。南宋隆兴二年（公元 1164 年），县令薛抗重建，入元隳废，明洪武三年（公元 1370 年）重新设庙定制。现存建筑为清嘉庆二十四年（公元 1819 年）重修，光绪年间也有修葺。民国二十四年（公元 1935 年）对城隍庙进行过较大规模的维修，卸下了台前影响观众视线的四根方柱，换上了两根铁柱，今存的仪门、戏台及两厢均修建于此时。1949 年后数次进行修缮。

宁海县的习俗以正月十四至十九为灯头戏。宁海城隍庙供奉的城隍神为田什，二月初九是城隍神的生日戏，一般演戏 10 天，三月有迎神赛会。观戏时，城隍神要与城内都神庙菩萨和城西白鹤大帝并肩看戏，于是在精致的泛轩下增加了一批木雕的城隍神宾客。秋收之后又有谢神戏。此外，还有商人们的财神戏、富人们的寿诞戏等。宁海城隍庙是王锡桐起义旧址，曾于清光绪二十九年（公元 1903 年）作为王锡铜起义[1]的指挥部，是进行爱国主义教育的场所，于 1981 年被列为浙江省近代革命纪念地。

2. 建筑特色

从宁海古县城布局来看，城隍庙与县衙、学宫文庙在城内三足鼎立。县衙位于正中，东南是城隍庙，西南是学宫文庙。城隍庙在过去有极高的人气，其建筑皆出自县域内著名工匠，为城隍神营造宫殿、戏台，工匠们将其视为巨大的荣耀，更是积德流芳的幸事。

城隍庙古戏台古朴典雅，集上乘美学构思、雕刻、彩画于一体，充分展现了当地工匠精湛的营造技艺。宁海城隍庙是浙东保护最完好的国家级城隍庙古建筑群，也是宁海县现存规模较大的古建筑群。同时，宁海城隍庙还传递着独特的乡风民俗，文教意义重大，具有较高的历史、艺术、科学及社会价值。

8.3.2　建筑形制

1. 平面布局

宁海城隍庙为封闭式长方形四进院落。庙门朝东，面宽三开间，明间设大门，前檐两侧为八字形墙体（图 8.27），庙门前放置一对森严而威猛的石狮子。庙门前是车流如织的桃源南路，庙后门设在北侧的中大街。进入院门后，建筑群沿中轴线呈自南向北缓缓上坡之势，依次为照壁、前天井、仪门、戏台、大天井、泛轩、小天井、正殿、后天井、后宫，东西两侧有台门、总槽殿、无常殿、东西两厢房、财神殿等，总建筑面积约2500平方米，如图8.28所示。

图 8.27　宁海城隍庙庙门

图 8.28　宁海城隍庙航拍照

[1]　王锡铜起义，史称宁海教案，指的是发生于清光绪二十九年（公元 1903 年）八月二十日至三十四年（公元 1908 年）四月间，由宁海大里村人王锡铜（时为大里村村塾先生）领导的，以反教会堂（伏虎会）为骨干力量，团结广大爱国人士和信教群众而发动的主观反对天主教反动势力和外国侵略势力，客观对清朝反动统治形成冲击的起义运动。

位于庙中心的泛轩、东西两厢和大天井可同时容纳千人观戏，场面很是壮观。前天井约 200 平方米，是昔日敬神看戏、杂耍商贩的集聚之所。

五开间仪门旧称“五凤楼”，与戏台和两厢看楼连在一起。仪门坐北朝南，戏台位于仪门明间后侧，面宽 5.25 米，进深 5.15 米，台高 1.66 米，如图 8.29、图 8.30 所示。与其他祠庙建筑不同的是，戏台正对面宽三开间的泛轩，此处为观戏时的贵宾座，如图 8.31 所示。

泛轩的后面是小天井和正殿，正殿为城隍庙的主建筑，面宽五开间。正殿内正中偏北设一长方形石质神像基座，城隍神（图 8.32）端坐其上，原来两侧塑有南斗、北斗、文判官、武判官、将军等神像。正殿后门通过轩廊、后天井与后宫相接。后宫面宽五开间，是城隍神休息之所，正中供奉着城隍神，左右两侧分别是凤冠霞帔的娘娘。总槽殿与庙门相对，面宽三开间。仪门前两侧为东西无常殿，面宽三开间。东西两厢房面宽五开间。财神殿俗称财库，位于泛轩西侧，面宽三开间。

图 8.29　宁海城隍庙古戏台

图 8.30　宁海城隍庙古戏台航拍照

图 8.31　宁海城隍庙泛轩

图 8.32　宁海城隍庙正殿内的城隍神

图 8.33 “城隍庙”匾额

2. 构造特征

庙门为单檐平房，硬山顶，梁架五檩用三柱，柱上下均有收分，无侧脚与升起。梁架呈月梁状，檐廊为卷棚顶，明间门额上悬挂着黑底金字“城隍庙”匾额，如图 8.33 所示。额枋下施雀替，檐下牛腿作精美的卷草纹雕饰。

仪门为两层重檐硬山顶建筑，两侧山墙高于屋面，作风火山墙。梁架七檩用五柱，前后单步，但于山墙向内第二榀梁架屋顶增设类似歇山顶的垂脊，并于垂脊两端置垂兽和吻兽，左右对称。仪门的明间、次间共开设三扇板门，门簪上雕刻“吉祥如意”的字样。稍间为实体墙，居中开窗。檐廊为轩棚顶，轩下月梁雕有精致的龙凤、仙鹤、花卉、卷草、戏曲人物等纹样，造型生动，如图 8.34 所示。檩子和额枋下施以透雕雀替装饰，檐柱施“倒挂狮子”“凤凰衔枝”装饰图案的牛腿，牛腿上作斗拱承挑檐枋，如图 8.35 所示。

图 8.34 宁海城隍庙仪门轩下月梁的雕刻

图 8.35 宁海城隍庙“倒挂狮子”牛腿

戏台为单檐歇山顶，角科和平身科头拱昂外科构成飞檐翘角，起翘甚高，形成了戏台空灵轻巧的外观形象，如图 8.36 所示。最为别致的是戏台额枋上的鸳鸯如意拱，坐斗上内出两跳斗拱承托着沉重的藻井，外出三跳斗拱承托屋檐，远看整体如网。戏台三面施以大栲格木栏杆，为“美人靠”形式，雕琢精致。柱端承托额枋，额枋端部出际处和老角梁头分别装饰着“倒挂狮子”和凤头纹，为戏台增添了几分隆重和华美。现存的宁海城隍庙戏台是宁海县工匠葛招龙团队依据古戏台资料复建而成。

图 8.36　宁海城隍庙古戏台的飞檐翘角

泛轩为单檐平房，硬山顶，属于抬梁穿斗混合式木构架结构。梁架五檩采用三柱，前后双步的结构，额枋下施雀替，无平板枋，直接施坐斗承托斗拱，外出三跳承挑檐枋，内出两跳承藻井，且第一跳直接插入柱端，并非承于坐斗之上。

正殿为重檐歇山顶，木梁架用材粗壮，斗拱、雀替、月梁、穿插枋都极具粗犷之美，如图 8.37 所示。正殿檐廊为卷棚顶，梁上雕刻着精美的卷草纹样，并施以金漆，如图 8.38 所示。柱梁交接点用坐斗，一斗三升，平身科、柱头科的斗拱都垫拱板。额枋上施以平板枋，其上承托装饰作用为主的斗拱，明间施四攒，次间各施两攒，稍间为实墙。柱子无侧脚，无生起，但外围实墙有收分，并施以朱红色。上下檐在翼角处通过老角梁承托仔角梁起翘，屋檐在屋角处显著升起。

图 8.37　宁海城隍庙正殿木梁架

图 8.38　宁海城隍庙正殿檐廊卷棚顶

后殿为单檐硬山顶平屋，梁架七檩采用四柱、前后双步的结构。明间施隔扇门，前檐廊下单步梁作月梁，内部梁架亦多用月梁，并施随梁枋。

东、西无常殿皆为单檐硬山顶平屋，屋架檩采用三柱、前后单步的结构。原塑有红白马夫、阴差、牛头马面等神像。东、西厢房均为单檐硬山顶楼房，北侧山墙为观音兜，梁架为穿斗式木构架结构，内无隔断。二楼牛腿出挑约 0.5 米，牛腿上雕刻着各种戏曲人物和花卉，楼上施以大栲格木栏杆。财神殿为单檐硬山顶，梁架六檩用五柱，前后双步，明间施窗扇。

8.3.3 营造技艺

1. 藻井

戏台上的藻井为螺旋式藻井，井口直径约 4.5 米，由二十层如意华拱和龙凤透雕花板构成，如图 8.39 所示。井口以十六个龙头状坐斗螺旋向上，出斗拱十五跳，从第一跳起，每个斗拱右侧斜跳如意小斗拱一个，形成十六条盘旋的优美曲线，龙尾归于明镜。明镜刻有一条腾云驾雾的盘龙，龙头向下，口衔明珠。每攒之间以透雕连拱板相连，每块花板雕饰题材各异，工艺精美。

泛轩明间用圆形藻井（图 8.40），两次间用方形藻井，相比于戏台藻井显得简约。

图 8.39　宁海城隍庙古戏台上的藻井

图 8.40　宁海城隍庙泛轩明间的圆形藻井

2. 装饰

戏台歇山顶的正脊为龙吻吞脊，居中堆塑一个头戴宫花、身穿状元袍、眉清目秀的状元。两条垂脊上分别塑有瓦将军，手执兵器，威风凛凛地守卫一方。戗脊上塑有仙人、海马、狻猊等脊饰。状元和将军意喻邑内能出文韬武略的人才，吻兽和其他的脊饰则反映了一种避火的心理需求。山花采用红底蓝草，无悬鱼。戏台望柱顶端雕刻着一对口衔彩带的狮子。戏台额枋绘制有一幅民国二十四年的传统戏曲场景和民国生活习俗彩画。

正殿正脊用灰塑作三段钱纹状镂空花纹，两端为吻兽。垂脊端部用坐姿麒麟装饰。戗脊端用仙人，其后为走兽五枚。仪门檐廊的月梁上雕饰龙凤、狮子及各组戏曲人物，工艺精美。

8.4
下浦村魏氏宗祠古戏台

8.4.1　背景概况

1. 历史渊源

魏氏宗祠坐落在宁海县强蛟镇下浦村，下浦村为后舟、下洋两自然村的统称。魏氏宗祠位于两村间田畈，距离县城约 18 千米。根据《宁海县地名志》和其他历史资料记载，

图 8.41 《浦江魏氏宗谱》

下浦村的村名叫法众多，由于地处向象山港方向流去浦江下游而得名“下浦”；旧为海船埠头，所以也称为“下埠”；又因该村与蒲岭相邻，曾被称为“下蒲”；亦称为“下洋”“后舟”。

魏氏宗祠位于两村间田畈中，为两村共有。据《浦江魏氏宗谱》（图 8.41）记载，下蒲村魏氏祖籍山西汾水，五代时南迁，北宋初年（公元 960 年）由中原地区进入浙南及浙东地区，遵守：“士成嘉学，彦启文章，人守善行，德懋期昌”的祖训。后成当地主要的宗族之一，出过秀才十八人，历来被称为“仁里”。魏氏定居此地之后，家族成员先后去日本、东南亚地区做生意。

魏氏族人，明嘉靖癸巳年（公元 1533 年）建宗祠，清康熙八年（公元 1669 年）择地镇福庵东南平坡，大兴土木，设立东、西两大派宗祠。道光年间（公元 1821—1850 年）扩建五开间正殿及仪门。光绪十六年（公元 1890 年）建仪门、戏台、厢楼等。民国九年（公元 1920 年）改为小学，1970 年改为下浦初中，1988 年下浦初中迁移后重修，也就是现在所能看到的建筑规模。

2. 建筑特色

魏氏宗祠的木雕、石雕精美绝伦，尤其是仪门屋檐下的网状花拱，尤显气派。这种纯属装饰的网状花拱都是由小木栲头拼接而成，上千块小木块构成了精美的网状图案，此种拼接方式一度盛行于清初和民国的浙东地区。祠庙建筑由此变成了一个由多种艺术构成的组合体，具有极高的历史、艺术、科学和社会价值。

魏氏宗祠古戏台是采用“劈作做”工艺修建而成，所以建筑的左、右两侧无论用材还是样式都有显著区别，就连交接缝处漆色都深浅不一。这是魏氏宗祠的一大特色。

8.4.2 建筑形制

1. 平面布局

下浦村魏氏宗祠坐西朝东，沿中轴线平面布局依次为照壁、前天井、仪门、戏台、勾连廊、大天井、正殿，两侧为厢房，建筑面积为 1020 平方米，如图 8.42 所示。仪门面宽五开间带两弄，正厅面宽五开间，左右厢房面宽三开间带一弄。

戏台面宽 4.8 米，进深 4.7 米，台高 1.5 米。戏台向外延伸一开间形成勾连廊，面向正殿，如图 8.43 所示。每年的正月、八月都要做戏，院子里能容纳数百人观戏。厢房楼上是女子和儿童的观戏场地，男子不能进入。男子站在天井，或自备凳子坐在正殿内观戏。

图 8.42　下浦村魏氏宗祠航拍照

图 8.43　下浦村魏氏宗祠勾连廊

2. 构造特征

仪门为单檐硬山顶，东西两侧山墙为十一山风火墙，在江浙地区很少见。这是因为当地靠近海边，风力较大，风火墙不宜修建得太高，否则容易倒塌，当地百姓结合自然条件创建了十一山风火墙。仪门梁架七檩用四柱、前后双步梁，柱头科与额枋上是错位交结的如意网拱，出三跳，如图 8.44 所示。

图 8.44　下浦村魏氏宗祠仪门的如意网拱

正殿为单檐硬山顶，东西两侧山墙为十一山风火墙。梁架八檩用四柱，前后双步梁和中部梁架均采用抬梁式木构架结构，靠山墙一侧的梁架采用穿斗式木构架结构。檐柱头各有坐斗出踩，承托挑檐枋。

两侧厢房为单檐两层硬山顶建筑，面宽各三开间带一弄，一楼朝向天井一侧设石槛墙，二楼出挑约 0.5 米，采用雕花牛腿支撑，二层设有“卍”字纹样栲格栏杆。因采用两班工匠“劈作做”工艺修建，两侧厢房的栏杆形式、梁下雀替、牛腿纹样等还是有较大差异的。

戏台与勾连廊的屋顶连成整体，采用歇山顶，两个翼角高高翘起犹如展翅欲飞的雄鹰，正脊为灰塑鸱吻，如图 8.45 所示。屋檐下斗拱采用精巧的方形平身科花拱，四攒昂头，制成方形，叠拱一斗六升，如图 8.46 所示。檐下角科斜昂七出，状如花朵。额枋头出挑，上安“倒挂狮子”“凤穿牡丹”等圆雕件。额枋坐斗雕刻成龙凤状，内外拽各七踩，用如意网拱。台前用垂带挑头四个，两侧用垂带挑头六个。

图 8.45　下浦村魏氏宗祠古戏台的翼角

图 8.46　下浦村魏氏宗祠古戏台屋檐下斗拱

8.4.3　营造技艺

1. 藻井

戏台上的藻井（第一口藻井）属于螺旋式藻井，向右旋转逐级递升，汇集于明镜。明镜刷黄色漆，未作装饰。藻井四周设有十六个龙凤坐斗，用重翘相连，呈龙凤形，如图 8.47 所示。井口四周为三角形天花板，用浅浮雕技法雕刻着雀鸟、牡丹、梅花、凤凰等吉祥图案。

勾连廊的藻井（第二口藻井）呈圆形，属于聚拢式藻井，十六圈雕版同心圆盘旋于穹隆顶上，汇集于藻井顶的太极八卦图案，如图 8.48 所示。额枋上的斗拱内跳三踩，承托藻井枋井口。井口四周的三角形天花板绘制着硕大的蝙蝠图案，通过工匠的艺术加工美化成四只展翅的蝴蝶。额坊四周彩画为二十幅戏曲人物，这也呼应了古戏台的功能。

图 8.47　下浦魏氏宗祠戏台上的藻井（第一口藻井）

图 8.48　下浦村魏氏宗祠勾连廊的藻井（第二口藻井）

2. 装饰

仪门的明间、次间设有三扇大门，每个门板上都彩画着威武的门神，期望驱邪避鬼、保平安、降吉祥等，正大门的门板上是秦叔宝和尉迟恭的彩画。卷棚顶的月梁、牛腿、雀替、承托枋等构件雕刻着各种瑞兽、神话人物、戏曲人物、花卉植物，通过不同的雕刻技法、色彩表达主题，如图 8.49 所示。

图 8.49　下浦村魏氏宗祠仪门卷棚顶的雕刻

正殿檐廊卷棚顶、檐枋、檐柱均施以雕漆彩，每幅画面构图和谐、雕饰精美。檐柱与金柱间月梁两侧以双龙或双凤为主题，中间刻有各类戏曲人物。明间两个檐柱的牛腿呈“倒挂狮子”图案，威武的大狮子、活泼的小狮子、灵动的彩带和绣球，通过工匠高超的技艺表现出来。南稍间檐柱牛腿装饰着“凤送香辇”和“凤穿牡丹”，北稍间檐柱牛腿装饰着“醉卧东风”和“凤穿牡丹”。正殿内保留着“文元”“文魁”等数块匾额，如图 8.50 所示。由此可见，下浦魏氏并不只是务农经商，而是重教崇文，所以科举学子辈出。

图 8.50　下浦村魏氏宗祠正殿内的“文魁”匾额

戏台后立六抹头屏风八扇，分别彩画着八仙，如图 8.51 所示。戏台两侧也各有两扇彩色屏风，彩绘着花鸟、植物花卉等。戏台上设八字形彩绘屏风，共六扇。额枋正中间悬挂一块“可以观”的木匾额如图 8.52 所示。左、右出入场门分别装饰着“来兮”和“去也”，木雕件。

图 8.51　下浦村魏氏宗祠古戏台后彩绘的八仙屏风

图 8.52　下浦村魏氏宗祠古戏台彩绘屏风、木匾额

8.5 潘家岙村潘氏宗祠古戏台

8.5.1　背景概况

1. 历史渊源

潘氏宗祠古戏台位于桥头胡街道潘家岙村北边，东有凤凰山、西北临海，前面有溪水流过。因此地出过进士、有读书之风，潘家岙又名文岙。据《文岙潘氏宗谱》记载，宋宝庆、绍定年间（公元 1225—1233 年），宁海深甽独山潘姓十四世铭一（梦晶）、铭六（梦得）、铭七（梦轰）同迁文岙，因潘姓聚居山岙而更名为潘家岙。清乾隆四十九年（公元 1784 年）、在潘家兴、潘家思、潘家瑜等人的倡议下建宗祠，建有享堂三开间、戏台一座。嘉庆十五年（公元 1810 年）族长潘家齐首事，建仪门五开间，戏台亦作了重修。民国元年（公元 1912 年），潘天寿之父、晚清秀才潘秉璋主事，重修《文岙潘氏宗谱》和宗祠戏台，民国二十九年（公元 1940 年）再次修葺。

2. 建筑特色

潘氏子孙聚族而居，虽然人口不足百户，但潘氏宗祠格局完整、雕刻精美。古戏台上精致的二联贯式藻井构思精巧，彩画古朴典雅，如图 8.53 所示。仪门的牛腿、月梁更是精雕细琢，每一个构件都是珍贵的艺术品，具有极高的艺术价值。

图 8.53　潘家岙村潘氏宗祠古戏台的二连贯式藻井

8.5.2　建筑形制

1. 平面布局

潘氏宗祠坐东朝西，从西向东依次为仪门、戏台、勾连廊、天井、正殿，两侧厢房分列两旁，建筑占地面积约 600 平方米，总建筑面积约为 403 平方米，如图 8.54 所示。仪门面宽五开间，明间、次间共开三个大门，正大门上方悬挂着“潘氏宗祠”的匾额（图 8.55），门簪上雕刻“元亨利贞”的文字。

图 8.54　潘家岙村潘氏宗祠航拍照

仪门明间后设戏台，戏台连接勾连廊，六根柱子落地。戏台为长方形平台，面宽 4.4 米，进深 4.75 米，台高 1.5 米。正对戏台的正殿面宽三开间，两侧厢房各二开间带一弄。因祖堂的地面比戏台的地面高一米多，故几乎每年都有洪水涌入戏台下，当地人认为这是海天大观、龙王巡祠。

2. 构造特征

仪门为重檐二层硬山顶，梁架六檩用四柱，前后双步。明间、次间的墙内退至金柱处，稍间墙体与檐柱平齐。檐柱头各有坐斗出踩，承托挑檐枋。檐廊施以卷棚顶，轩下月梁雕有精致的龙凤、牡丹、鳌鱼、戏曲人物等图案，通体刷红色油漆。檩子和额坊下施以卷草、龙、鱼等雀替。牛腿上作斗拱承挑檐枋。槛墙和地袱都是石制的，防止海水侵蚀。

图 8.55　潘家岙村潘氏宗祠仪门的匾额

图 8.56　潘家岙村潘氏宗祠正殿的木梁架

正殿为单檐硬山顶，梁架八檩用四柱，前后双步，明间为抬梁式木构架结构，次间靠山墙处的梁架为穿斗式木构架结构，如图 8.56 所示。正殿、仪门都是一山马头墙，屋脊中央竖立着牌珠宝座，其中正殿题写着“福”字。南、北厢房皆为单檐两层硬山顶，梁架五檩采用三柱，前后双步的结构。

戏台三面围以绿色工字格护栏。额枋上无平板枋，各置平身科四攒，出二跳，每攒之间用彩画透雕的连拱板相连，枋下用龙凤雀替。勾连廊为歇山顶，飞檐翘角，檐下纹饰古朴。额枋上无平板枋，各按平身科四攒，出三跳。角柱上安有老角梁，上置仔角梁承托翼角，翼角起翘。

8.5.3　营造技艺

1. 藻井

戏台上方的藻井（第一口藻井）采用叠涩式藻井，用小坐斗、重翘，构筑成飞龙十六条汇集于明镜，居中为倒挂的彩画盘龙，如图 8.57、图 8.58 所示。镂空彩画连拱板横向联结而成，层层收敛。藻井四周的三角区分别绘以蝙蝠、八卦、凤凰和蝴蝶纹样。

图 8.57　潘家岙村潘氏宗祠戏台上方的藻井（第一口藻井）

图 8.58　潘家岙村潘氏宗祠戏台上方的藻井（第一口藻井）明镜

图 8.68　清潭村双枝庙正殿的木梁架

8.6.3　营造技艺

1. 藻井

戏台上的藻井属于螺旋式，为重修时修复。藻井直径 3.8 米，用十六道阳马和数百块花板相接，螺旋盘绕至明镜，形成大型薄壳穹隆顶结构，如图 8.69 所示。明镜为简单

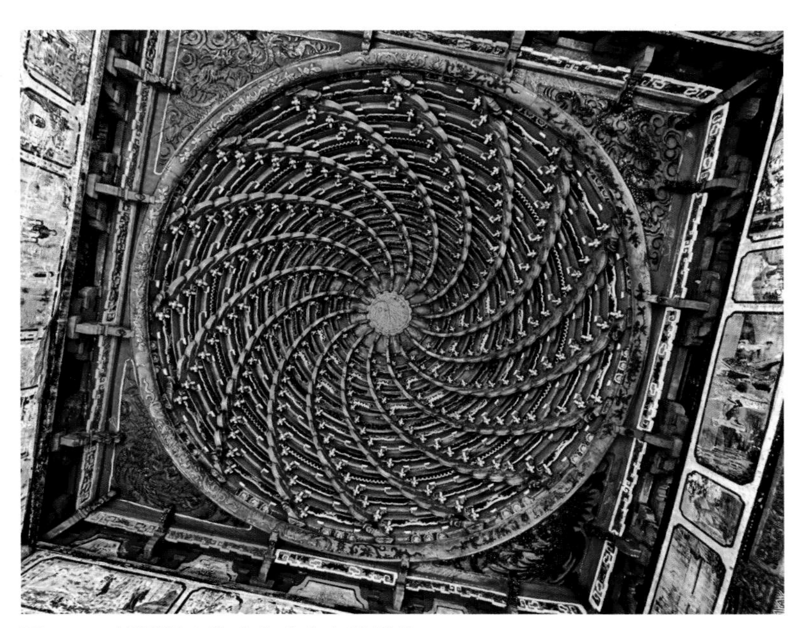

图 8.69　清潭村双枝庙古戏台上的藻井

的鹰扬双鱼图案，但为粉饰油漆。平身科各用四铺作，出七踩，用枫拱，各间以护拱板。角科以角昂、由昂重叠，共十道。承托藻井的小斗拱、护拱板、角斗、角板等，用浅浮雕雕刻着飞龙、衔枝凤凰、蝙蝠、卷草等图案，施以赭红色、金色油漆。戏台额枋龙头出头穿柱，精雕彩画。两个柱头上装饰着四位古代戏曲人物的圆雕构件，应合了戏台的作用。

2. 装饰

仪门月梁侧面两端雕龙凤等吉祥图案，中部则雕刻戏曲人物。门板上彩画着门神，两侧槛墙彩绘穆桂英和杨宗保、梁山伯与祝英台画像，大门上方悬挂着“双枝庙”的匾额，如图 8.70 所示。明间柱上写有“作恶多端入庙烧香焉有益，问心无愧见神不拜又何妨”的门联。

正殿檐柱与金柱间月梁上雕以各种戏曲人物，牛腿用凤、狮、龙彩绘贴金，如图 8.71 所示。东西厢房栏杆镶嵌着数块彩绘戏剧故事的木雕板，有八仙过海、三英战吕布等经典故事，辅以卷草龙、蝙蝠等装饰。东厢房柱头牛腿明间为“倒挂狮子”，次间靠山墙处为“衔枝凤凰”。西厢房柱头牛腿均为牡丹。

图 8.70　清潭村双枝庙仪门彩画及匾额

图 8.71　清潭村双枝庙正殿牛腿上的雕刻

戏台栏杆用工字槅棂，上嵌十六块棂心板。其中八块棂心板每板一字，台前为“戛、玉、鼓、瑟”，东侧为“吹、笙”，西侧为“敲、金”。另外八块棂心板雕刻着“双虎相搏、童子踢球、双鱼嬉水、双鹿逢春、双马扬蹄、双犬富贵、童子击砖、福禄寿喜”等图案。戏台上的柱子分别写着“一曲阳春唤醒今古梦，两班面目演尽忠奸情”和“价值千金春一刻，愁消万古曲三终”的楹联。

8.7 龙宫村陈氏宗祠古戏台

8.7.1 背景概况

1. 历史渊源

陈氏宗祠位于深甽镇龙宫村，龙宫旧称“龙溪”，四围有外岗尖、大虎尖、小虎尖、第一尖、四顶尖，五山如屏，仅南边两个水口，即狮子口和白象口。故每到雨汛，四围山瀑如龙吟虎啸，汹涌澎湃沿溪奔泻，其中村西石龙窦巨石危崖，深潭溪涧如白龙翻滚，这就是《宁海县志》记载的“龙宫屿”“石龙窦”，又称“龙宫龙潭”。

据《龙溪陈氏宗谱》记载：始祖陈仲良（公元 1091—1153 年）于北宋末年迁居龙溪。陈氏宗祠就位于龙宫村村口，地处上湖村西南四千米，大虎尖山北面的溪谷盆地上。宗祠环境优美，南临龙溪，北坐狮山。明崇祯十六年（公元 1643 年）始建，历经不同时期数次修建、改建、扩建形成今日规模。

2. 建筑特色

陈氏宗祠相较于其他宗祠规模较大，仅次于宁海城隍庙。木雕技艺高超，尤其是仪门檐廊下的月梁、额枋、牛腿装饰更是精妙，对研究当地明清祠庙建筑具有重要意义。

8.7.2 建筑形制

1. 平面布局

陈氏宗祠坐北朝南，沿中轴线从南向北依次为：照壁、前天井、仪门、中天井、中厅、戏台、大天井、正殿，两侧设有厢房，总建筑面积为 798 平方米，如图 8.72 所示。

图 8.72　龙宫村陈氏宗祠航拍照

照壁上书写着大大的“义”字，表达了陈氏“义字当头，仁行天下”的主题。照壁两侧的院墙各设一座台门通至前天井，台门上书“秀水环祠”“名山拱祖”“孝悌”“忠信”等文字。前天井内对

图 8.73　龙宫村陈氏宗祠仪门

称竖立着一对代表陈氏宗族荣耀的旗杆夹石，它是封建社会科举考试的产物。古人在科举及第后，常在宗祠前设置旗杆夹石，中间插上高高的木旗杆，以此来激励后辈要发奋读书，考取功名。

仪门面宽五开间，明间、次间设檐廊，共有三扇大门，如图 8.73 所示。正大门两旁立一对云鼓石，檐廊尽端设一对精致的石案凳。进入仪门为狭长的中天井，中天井北侧为中厅（图 8.74）。中厅面宽三开间带二弄，明次间朝南呈敞开式，朝北侧为实墙，后设戏台，如图 8.75 所示。戏台平面呈正方形，面宽、进深均为 5.5 米，台高 1.5 米。正殿朝南，面宽三开间带二弄，如图 8.76 所示。东西厢房为单檐楼房，面宽三开间带一弄，如图 8.77 所示。

图 8.74　龙宫村陈氏宗祠中厅

图 8.75　龙宫村陈氏宗祠古戏台

图 8.76　龙宫村陈氏宗祠正殿

图 8.77　龙宫村陈氏宗祠厢房

2. 构造特征

仪门为单层单檐硬山顶建筑，两侧为五山风火墙，山墙与院墙连为一体。仪门内外的檐廊下都设卷棚顶（图 8.78），月梁、檐柱、额枋等部位无不是精雕细琢。

中厅为重檐二层楼房，硬山顶，五山风火墙。四柱五檩，前加设一步檐廊，卷棚顶，现为老年活动中心。正殿（图 8.79）为单檐硬山顶建筑，一山风火墙，建筑较为高大，用料粗壮。梁架九檩用五柱，前双步后单步，抬梁穿斗混合式木构架结构。东西厢房为单檐二层楼房，硬山顶，梁架五檩用三柱，前后双步的结构。

图 8.78　龙宫村陈氏宗祠仪门卷棚顶

图 8.79　龙宫村陈氏宗祠正殿细部

戏台为单檐歇山顶，两侧翼角高高翘起，显得古朴灵动。额枋上施平板枋，各设平身科四攒，内外出假昂三跳，承托挑檐枋和井口枋。额枋下设雀替装饰，飞檐角装饰卷草纹样镂空雕件。戏台底悬空，加设四根短柱支撑台面。台基高出天井约 15 厘米，与正厅平齐，铺设鹅卵石，外围设一圈石条。戏台不设栏板，无屏风和楹联。

8.7.3　营造技艺

1. 藻井

戏台藻井为聚拢式藻井（图 8.80），用连拱板为联络，以异形小坐斗设拱昂相续承托，井内口层层收缩，井圈上周绕佛龛形小壶门，翘昂逐级相连，皆刻作成龙凤状，共十六道。其中八道长阳马升至井顶明镜，八道短阳马断在藻井第六个同心圆处。明镜上彩绘着“阴阳太极图”，美化成红蓝双鱼互相缠绕。十二层连拱板组成的同心圆层层缩小、互相环绕，具有强烈的向心性。藻井四周的三角区以蓝色为基色，装饰着双龙双凤的浅浮雕图案，十二道连拱板彩绘蓝红绿金等色，十六道阳马斗拱颜色各异，由此组成五彩缤纷的瑰丽图像。承托藻井的抹角梁、三角天花板与额枋连接的井口枋出假昂三跳，雕刻精美，如图 8.81 所示。

2. 装饰

陈氏宗祠仪门的三扇木板门呈黑色底纹，清代六位威武的彩画门神尚留残迹。正大门门顶悬有一块红底金字的匾额，上书“唐学士宋赠太师尚书令”。腰檐下月梁柱头科均有刻作。明间檐柱、金柱上写有楹联，但部分字迹模糊，有的字已剥落。明间额枋雕刻着双龙戏珠图案，次间为场面宏大的戏曲故事。额枋上方装饰着八仙木雕，每位神仙骑着坐骑，手拿法器，神态生动，另有数块纹样不同的透雕板镶嵌其间。额枋两端装饰着雀替，有梅花、佛手、石榴等吉祥图案。明间檐柱牛腿为“倒挂狮子”（图 8.82），左次间檐柱牛腿雕刻着展翅欲飞的凤凰，右次间檐柱牛腿雕刻着一对金鸡，较为少见。

图 8.80　龙宫村陈氏宗祠戏台上的藻井

图 8.81　龙宫村陈氏宗祠戏台上藻井细部

图 8.82　龙宫村陈氏宗祠仪门“倒挂狮子”牛腿

正殿内挂了十余块新旧匾额，有“义门陈氏”“进士”“贡生”“状元及第”“翰林”等。明间梁上悬挂“星聚堂”匾额，后墙挂祖像。明间檐柱挂楹联，上书“根发淮阳枝繁宇寰绵世泽，源自平湖流芳龙溪振家声”。

8.8 马岙村俞氏宗祠古戏台

8.8.1 背景概况

1. 历史渊源

俞氏宗祠位于深甽镇马岙村中部。马岙村是浙江省第六批省级历史文化名镇名村，位于宁海县城西北，距宁海县约 20 千米。此地山峦重叠，溪流纵横，四周青山海拔 900 米左右，如图 8.83 所示。马岙原为马姓居住，后周显德四年（公元 957 年），祖籍山东青州的俞仁厚（公元 905—973 年）从望海岗西的新昌县五峰村迁居此地，后马姓外迁，而村名仍沿用“马岙”，至今约 90% 的村民姓俞。

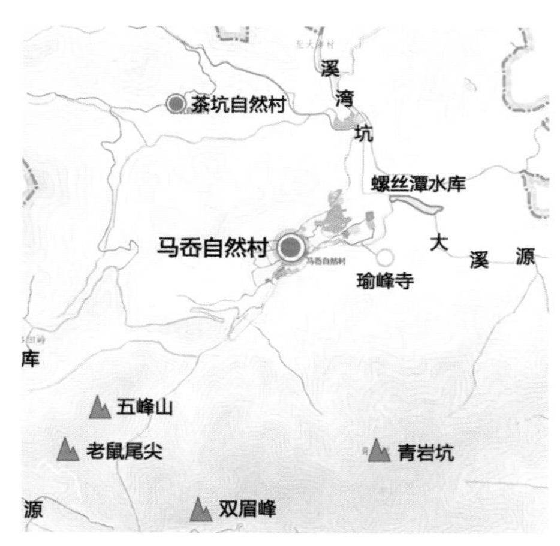

图 8.83　马岙村地形图

马岙俞氏曾经建有三处大小宗祠，分别是“大宗祠”“义祠”“小祠堂”，其中大宗祠名“永思堂”，占地 800 平方米，修建于明万历八年(公元 1580 年)。清顺治五年（公元 1648 年），俞抒素率众反清起义，永思堂被毁。康熙十九年（公元 1680 年）在马岙溪畔重建。宣统二年（公元 1910 年）永思堂遭火灾而损毁。民国元年（公元 1912 年），俞氏家族聘请宁海、新昌等地著名工匠重建永思堂。历时四年于民国五年（公元 1916 年）竣工，这就是留存至今的俞氏宗祠。

2. 建筑特色

俞氏宗祠古戏台气势恢宏，用材粗大，如图 8.84 所示。檐下斗拱相叠，梁坊间的雕刻彩画美轮美奂，花板错落有致。梁坊上通体为彩画，以回纹分割戏曲人物，画风流畅朴实，技艺高超，雕刻、彩画浑然一体。藻井层层叠叠，错落有序，结构巧妙。

图 8.84　马岙村俞氏宗祠古戏台

俞氏宗祠平面布局为典型的四合院建筑，体现朴素的尊祖明礼观念。整个建筑气势恢宏，体现了当地工匠精湛的营造技艺水平，具有较高的历史、艺术、科学及社会价值。

8.8.2 建筑形制

1. 平面布局

俞氏宗祠坐落在马岙村中部，沿溪而建，朝向偏西南。俞氏宗祠沿中轴线依次为台门、前天井、仪门、戏台、大天井、正殿，两侧设有厢房，总建筑面积约 694 平方米，如图 8.85 所示。

仪门面宽三开间带二弄，明次间设檐廊，共有三个大门，如图 8.86 所示。仪门上方悬挂“唐刺史俞公家庙”匾额，正大门两侧有一对石狮，形态逼真，气势威武。仪门明间后设戏台，戏台平面呈方形，面宽、进深均为 4.5 米，台高 1.45 米。前天井、大天井的地面满铺鹅卵石，石缝间长出许多绿油油的小草。东西厢房面宽三开间带一弄，均为楼房，分别设楼梯通至二楼。正殿面宽三开间，用料粗大，明间靠后墙供奉着祖先牌位，显得庄重肃穆。正殿与天井高差约 0.5 米，设三级台阶，寓意连升三级。

图 8.85　马岙村俞氏宗祠航拍照

图 8.86　马岙村俞氏宗祠仪门

2. 构造特征

仪门为单层单檐建筑，檐廊明间、次间用三挑网拱连结。仪门内外檐廊下设卷棚顶，月梁、牛腿装饰着精美的纹样。东西厢房为单檐二层硬山顶建筑，两端山墙为五山风火墙。厢房五檩用三柱，二层出挑约 0.5 米，围以大栲格木栏杆，如图 8.87 所示。正殿单檐单层硬山顶，抬梁穿斗混合式木构架结构。梁架七檩采用五柱，前后双步结构。正殿内柱子非常粗壮，呈中间肥壮、上下收缩的梭状柱式，如图 8.88 所示。檐廊下设卷棚顶，如图 8.89 所示。明间檐柱设一对木雕“倒挂金狮”牛腿，次间檐柱牛腿为“仙鹿衔灵芝”，配以小鹿、松枝纹样。

戏台四柱落地，朝正殿一侧另设两个短柱加固戏台台面。戏台为单檐歇山顶，飞檐翘角，显得古朴灵动，如图 8.90 所示。台面呈正方形，三侧设栏板，以回字形纹样为主镶以戏曲《白蛇传》《桃园结义》等多块雕板，戏台后设有四扇六抹头屏风。有戏曲表演时，演员通过连接地面和戏台的短楼梯到达戏台，表演结束再由短楼梯从戏台到达地面，这个形制与其他祠庙建筑把仪门二楼做扮戏房有所不同。戏台额枋采用出头枋雕龙头，外拽如意拱出三跳，承挑檐枋，内承井口枋。

图 8.87　马岙村俞氏宗祠厢房

图 8.88　马岙村俞氏宗祠正殿内柱子

图 8.89　马岙村俞氏宗祠正殿廊檐下的卷棚顶

图 8.90　马岙村俞氏宗祠古戏台

8.8.3　营造技艺

1. 藻井

俞氏宗祠古戏台上的藻井属于螺旋式藻井。藻井方口抹角梁下平棋三角板，四角装饰蝙蝠、如意、卷草等纹样。藻井平面呈圆形，井口的十六个龙头状坐斗向上盘筑右旋，出华拱十五跳，如图 8.91 所示。从第一跳起，每个华拱右侧斜挑飞鸟状如意小拱一个，龙尾汇聚于顶部明镜。明镜上原有雕件已脱落，每攒之间以透雕连拱板相连，层层叠叠，结构巧妙。井口设十六个龙头状坐斗，每个龙头用木雕小狮支撑。井口通体雕饰着卷草、蝙蝠等纹样。

图 8.91　马岙村俞氏宗祠古戏台上的藻井

2. 装饰

戏台屏风两侧为“出将”“入相”，上部装饰着金色花卉纹样，犹如花环。戏台额枋内外都彩绘各类戏曲人物纹样，因年代久远，图案已模糊。正殿和戏台设有楹联，现字迹模糊，已分辨不清。仪门和正殿檐廊下的月梁两侧雕刻着双龙或双凤纹样，中间是各组戏曲人物纹样。厢房牛腿雕刻着一组文房四宝纹样，与彩带、云朵组合。

正殿空间较为高大，梁下挂有“殿中执法”“源远流长”“文魁”“云骑三尉”等匾额，让陈氏后人感受到祖辈的光辉业绩。木梁架采用线雕、圆雕等技法装饰，以如意、卷草、云朵等纹样为主。

8.9
大蔡村胡氏宗祠古戏台

8.9.1　背景概况

1. 历史渊源

胡氏宗祠位于深甽镇大蔡村，村名原为“象原”。村口有狮子山和白象峰左护右卫，山谷中心坡地形如巨船，故又称“船村”。大蔡村西有望海尖，村南有望海岗，北有黄登尖，旧有古道穿越山谷往西，经奉化或宁海可通至新昌、天台。

隋大业元年（公元 605 年），蔡闻定由天台迁至象原，当时有曹、林、李、赵诸姓聚居，但蔡姓人数最多，故名“大蔡”。后唐同光三年（公元 925 年），原居吴兴的胡进思升为兵部尚书，因感盛极必有不测，嘱咐子孙分支而居，其中一支居奉化牌溪。南宋淳熙年间(公元 1174—1189 年)，后裔胡直夫与长洋村金氏于南宋淳熙年间(公元 1174—1189 年)迁入，称“蜊灰太公”。现村内居住胡、蔡二姓，以胡姓居多。明万历年间（公元 1573—1620 年），大蔡官房派的胡象泉被选为北京兵马指挥，功绩显赫，多次获皇上嘉奖，恩赐建“狮子閶门”，今遗迹尚留。

随着人口增多，小宗祠过于狭隘不能满足使用需求，胡氏族人于清嘉庆年间（公元 1796—1820 年）选地新建“追远堂”，同时营造戏台，占地近千平方米，用材用工极尽考究，现存的胡氏宗祠基本保留当时修建时的原貌。

以前每逢节庆日，胡氏家族邀请戏班到胡氏宗祠古戏台演戏庆祝。《象原胡氏宗谱》记载：“正月迎神于祖庙，张灯演剧，自初五夜起至初九夜乃息。”其他如十月初五初六、五谷收获、境主诞辰、寿诞、婚事、请神、关谱等也要演戏。

2. 建筑特色

胡氏宗祠木雕构件雕刻精美，图案丰富。古戏台上精致的二连贯式藻井构思精巧，古朴典雅。建筑形制完整，保留了清中期的祠庙建筑风貌，具有较高的历史、艺术、科学及社会价值。

8.9.2 建筑形制

1. 平面布局

胡氏宗祠北靠大溪，东侧为大蔡小学，南侧为民居建筑，西侧为村内道路。胡氏宗祠坐南朝北，总体布局沿中轴线依次为照壁、前天井、仪门、戏台、勾连廊、大天井、正殿，两侧设有厢房，总建筑面积为 735 平方米，如图 8.92 所示。台门设在西侧院墙上，上书“胡

图 8.92 大蔡村胡氏宗祠航拍照

氏宗祠”。通过台门进入铺设鹅卵石的前天井，绿草从石缝中钻出来，别有一番风景。

仪门面宽七开间带二弄，明间、次间设檐廊，共开设三个大门。次间两侧墙面呈外八字形向内收缩，两端设五山风火墙。仪门明间后设戏台，坐北朝南，四长柱四短柱支撑戏台。戏台三面敞开，设栏板，无屏风，上下场楼梯通至地面。戏台面宽 4.8 米，进深 5.8 米，台高 1.6 米。戏台面向正殿，与勾连廊连成整体，如图 8.93、图 8.94 所示。戏台下的台基铺设石板，大天井铺设鹅卵石，两者高差约 15 厘米。正殿朝北，面宽五开间带二弄，用料粗大，如图 8.95 所示。东西厢房面宽三开间带一弄，设楼梯通至二层，如图 8.96 所示。

图 8.93　大蔡村胡氏宗祠古戏台

图 8.94　大蔡村胡氏宗祠的勾连廊

图 8.95　大蔡村胡氏宗祠正殿

图 8.96　大蔡村胡氏宗祠厢房

2. 构造特征

仪门为单檐硬山顶二层建筑，梁架七檩五柱。檐柱上的牛腿为“倒挂狮子”，龙纹雀替。坐斗用假昂，出五踩，承托挑檐枋。

正殿为单檐硬山顶，梁架七檩用五柱，抬梁穿斗混合式木构架结构，两侧山墙为一山风火墙。檐廊木柱设提篮式石柱础，下有覆盆石，其余木柱下设鼓形石柱础。檐廊用卷棚顶，檐柱牛腿呈三角形(图 8.97)，上施斗拱，用变体云龙昂承托挑檐枋，枋下设雀替。东西厢房皆为单檐两层硬山顶，梁架五檩用三柱。

图 8.97 大蔡村胡氏宗祠正殿牛腿

戏台三面围以低矮的护栏。戏台与勾连廊梁枋交结，枋头交结处用丁头拱和雀替承托。戏台额枋上铺平板枋，上安四铺作，内外拽，各出七踩。檐下的平板枋、小坐斗、昂头等雕刻成如意龙头状。额枋下装饰透雕龙凤雀替。勾连廊为歇山顶，仔角梁承托翼角，翼角起翘。屋顶上两条鳌鱼张大巨口吞噬着正脊，戗脊上有五只走兽。东西厢房为单檐硬山顶楼房，一层为木槛墙，二层设木栏杆。

8.9.3 营造技艺

1. 藻井

戏台和勾连廊形成二连贯式藻井。戏台上方的藻井（第一口藻井）为聚拢式藻井，用大小不一、纹样各异的透雕连拱板为联络，以异形小坐斗设拱昂相续承托、出跳，并逐层收缩于明镜，如图 8.98 所示。自井口起有十六条阳马向明镜聚拢，其中八条长阳升至井顶节点，八条短阳马止于藻井中部，目前明镜的装饰构件脱落。井口通体雕刻着八组“双龙戏珠”纹样，藻井的每个三角区雕刻着三只蝙蝠，辅以云纹构成装饰图案，寓意福气满满、多福多寿，如图 8.99 所示。

图 8.98 大蔡村胡氏宗祠古戏台上方的藻井(第一口藻井)

图 8.99 大蔡村胡氏宗祠第一口藻井细部

勾连廊上方的藻井（第二口藻井）属于轩棚式藻井，中心为八角形攒尖小藻井，八条阳马逐渐汇聚于明镜，明镜为彩色八卦图案，如图 8.100 所示。两边为卷棚顶，视觉上达到对称美观。四周设十六攒小斗拱，出三跳承托井口抹角枋。

2. 装饰

照壁上刻有“帝王钦望”字样，嵌砖雕。正殿的正脊宝镜内正反分别书写着“福”和“禄”。正殿明间梁上悬挂着“追远堂”的黑底金字匾额，如图 8.101 所示。厢房屋檐牛腿雕刻着一组瓜果纹样，有桃子、石榴、佛手等。戏台柱上有一副白底黑字的楹联，较为少见。

图 8.100　大蔡村胡氏宗祠勾连廊上方的藻井（第二口藻井）

图 8.101　大蔡村胡氏宗祠正殿匾额

8.10 加爵科村林氏宗祠古戏台

8.10.1　背景概况

1. 历史渊源

林氏宗祠古戏台位于强蛟镇加爵科村。据《爵山林氏宗谱》（图 8.102）记载，南宋嘉定年间（公元 1208—1224 年），林氏祖先从杭州仁和里迁此，与有“梅妻鹤子”美誉的林和靖为同宗。宁海县爵山因海上望之形如覆爵而名。民间称之为“鸦雀窝”，因山上多栖鸟雀。林氏初到此地，遇伐柯老人，问地名，老人云：“山名爵山，村名加爵科，居之子孙登科及第，加官晋爵”，于是在此定居。林氏建村后，在爵山建和靖先生祠，又称“孤山道院”，内设书院，与道观合一。因宋仁

图 8.102　《爵山林氏宗谱》

宗皇帝有敕赐，恩许在爵山下村北建林氏宗祠。现存的林氏宗祠始建于清道光十八年（公元 1838 年）。清光绪五年（公元 1879 年），林氏后裔林立言专程赴杭州仁和里，请来和靖先生画像，神位供奉于正殿。宁海县加爵科林氏与奉化黄贤林氏遵祖训隐居山林，此二村昔日在象山港南北仅靠船渡往来。据《爵山林氏宗谱》记载：每逢年节或鱼汛前后，戏台上剧目以文戏为主，少则三五天，多则十余天。除村里的林氏后裔，奉化黄贤林氏宗亲也前来祝贺看戏，常在祖堂设筵席。

2. 建筑特色

林氏宗祠为典型的四合院建筑，仪门的木雕构件非常精美，较好地保存了清代建筑的历史风貌，集上乘的美学构思、雕刻、彩画于一体，具有较高的历史、艺术、科学及社会价值。

8.10.2 建筑形制

1. 平面布局

林氏宗祠位于加爵科村中部，坐东朝西，现已改为村文化礼堂。林氏宗祠沿中轴线依次为院墙、前天井、仪门、戏台、勾连廊、大天井、正殿，设南北厢房，如图 8.103 所示。仪门面宽五开间，明间、次间设檐廊，共设三个木板门，门上各设一对狮头门钹。正大门上方悬挂黑底金字的“林氏宗祠”匾额。稍间与檐柱平齐，下设石槛墙，上部居中开设格扇窗，采用一根藤纹样围绕，居中嵌一块文字木雕板，如图 8.104 所示。

图 8.103　加爵科村林氏宗祠航拍照

图 8.104　加爵科村林氏宗祠仪门

仪门明间后部设戏台，与勾连廊成为整体。戏台面宽 5.3 米，进深 4.75 米，台高 1.3 米。戏台设屏风区分前后台，后台通过短楼梯与仪门二楼相连。正殿地坪高出天井地面 0.3 米，面宽五开间。南北厢房面宽三开间带一弄，为二层建筑。

2. 构造特征

仪门为单层单檐硬山顶建筑，两侧山墙设一山风火墙。明间设平身科六攒，次间、稍间设平身科四攒，假昂出三跳，每攒之间装饰以三层蝙蝠为主题的透雕板。明间、次间的檐柱设“倒挂狮子”牛腿，山墙处的柱子以大象为主题的牛腿。明间、次间额枋下装饰龙凤纹样透雕雀替。檐廊设卷棚顶，月梁通体装饰着各种精美的图案，如图 8.105 所示。正殿为单层单檐建筑，两侧山墙设一山风火墙。正殿木梁架七檩五柱，为抬梁穿斗混合式木构架结构，如图 8.106 所示。南、北厢房为双层单檐硬山顶建筑。

戏台为单檐歇山顶，三方敞开，朝正殿设一对望柱，上面雕刻着狮子，下部为蝙蝠衔如意纹样。屋檐下装饰如意斗拱，额枋上铺平板枋，各施平身科三攒，内外各出二跳。角科与勾连廊共有，内外拽，各出正心昂，斜昂二跳。勾连廊屋顶为歇山顶，两翼角高高翘起。

图 8.105　加爵科村林氏宗祠仪门卷棚顶

图 8.106　加爵科村林氏宗祠正殿木梁架

8.10.3　营造技艺

1. 藻井

戏台和勾连廊各有一座精美藻井，形成二连贯式藻井。戏台上方的藻井（第一口藻井）井口径较大，上下分两道，通体为红色，如图 8.107 所示。第一道井口呈八角形，装饰以

图 8.107　加爵科村林氏宗祠戏台上方的藻井（第一口藻井）

竖向弧形木条，与卷棚相似。第二道也呈八角形，斗拱八攒出五跳，层层相叠，逐层收缩，汇集于明镜。圆形明镜正中雕“团寿”图案，周围绕以五只蝙蝠，意为“五蝠捧寿”。藻井周边三角处装饰蝙蝠纹样。

勾连廊上方的藻井（第二口藻井）一方抹角梁由戏台额枋及角科外拽的斗拱所承托，藻井四周用纵向的大小卷棚顶，如图 8.108 所示。左右月梁单面刻作，为高浮雕，图文为双龙戏珠，和合二仙。

图 8.108　加爵科村林氏宗祠勾连廊上方的藻井（第二口藻井）

2. 装饰

仪门月梁雕刻着以龙凤、蝙蝠为主题的图案，中间为戏曲人物。檐柱牛腿、雀替的装饰以龙、凤、狮、象等瑞兽为主题，或采用圆雕技法或采用透雕技法，显得尤为精美，如图 8.109 所示。

戏台采用五块屏风区分前后台，屏风上彩画福寿二仙和花鸟纹样。额枋上挂“今古奇观”的匾额。戏台前石柱有对楹联，上书“事异忠奸看人心各判，报分善恶知天道无差”，这是 180 年前的原物，有“道光戊戌桂月”字样。正殿檐廊明间悬挂一块宋仁宗赐的“和靖先生”黑底金字匾额。另有“一脉同堂”“双桂流芳”“松筠勤操”“善积阴功”“文节”“节孝”等黑底金字匾额悬挂于正殿内。

图 8.109　加爵科村林氏宗祠仪门雕刻

第9章

宁海古戏台建筑群的保护和传承

9.1
宁海古戏台建筑群的研究价值

宁海古戏台，作为全国首个以戏台群体保护的国家级文物保护单位，至今仍有125座保存较好的建筑。这些建筑装饰图案丰富，造型精巧独特，具有很高的艺术价值，对研究我国建筑史、雕刻发展史以及戏曲艺术史都有着重要意义。浙江省其他地方尚未发现三连贯式藻井戏台，但石家村崇兴庙和岙胡村胡氏宗祠的三连贯式藻井戏台，以及下浦村魏氏宗祠和潘家岙村潘氏宗祠的二连贯式藻井戏台，以其精美的工艺形式呈现在世人面前，单藻井戏台数量更多，不乏精美之作。全县分布着数十处单藻井戏台，其中宁海城隍庙戏台尤为精致，堪称精品之作。这不仅是我国建筑史上一个值得研究的问题，对我们今天进行戏曲改革也有着一定的借鉴意义。在古代，藻井是一种被广泛应用于重要建筑和戏曲演出场所的重要工艺，既可单独使用，又可合起来作为整体来考虑。工匠们运用最高超的工艺技巧，将卓越的美学构思、精湛的雕刻和绚丽的彩绘完美融合于此处，彰显高贵华丽的气质。在实际应用中，它扮演着扩大声音和整合声音的角色，从而使舞台艺术达到更加完美的境界。同时它还具有装饰和美化功能，是一个很好的观赏场所。

现今，古戏台所扮演的娱乐教化作用已大大降低，不再具备昔日的重要性。保护和发展好这些古老的艺术形式，让它们重新焕发生机与活力，是一个迫在眉睫的问题。由于其作为一种符号、一种记忆、一种存留，具有不可替代的象征意义。从这个意义上讲，古戏台是一座城市、一个地区、一个家族的“根”和“魂”。宁海最美的历史名片莫过于古戏台文化，这些保存完好的古戏台是人们追溯历史的珍贵财富。在这样一个大背景下，如何利用好古戏台建筑这一珍贵资源成为摆在我们面前的新课题。我们迫切需要更深入地研究古戏台的文化内涵，延续宁海的历史文脉，展现宁海的平调文化和古戏台文化特色，从而做大、做活历史文化，让历史文脉得以传承。同时还要挖掘并利用好具有代表性的传统戏曲艺术资源，将这些优秀传统文化遗产与现代生活结合起来，让古老的戏曲艺术焕发出新的活力。为促进古戏台的保护和充分利用，提升其多重价值，我们应不断探索创新，以确保其在文化传承和艺术创新方面的卓越表现。

9.1.1　历史价值

古戏台的遗存见证了人类文明的演进历程，见证了历史的巨变，同时也是我们了解社会生活的重要窗口。在现代城市建设中，对古建筑进行保护和再利用已成为一种潮流。作为中国物质文化遗产的重要组成部分，古戏台不仅是戏曲演出场所，更是戏曲、建筑、书法、雕刻等非物质文化遗产的展示平台。在漫长的发展过程中，古戏台逐渐形成自身独特的空间形态和艺术特征。由撂地为场到裸露的露台再到有顶的戏台，从一面观到三面观，古戏台的建筑类型演变与地方民俗、戏曲剧种演出的需求等多种因素息息相关。

作为宁海历史的见证，宁海古戏台建筑群承载着悠久的历史与文化，是研究浙东地区社会历史的珍贵实物资料，同时也是人类文明发展的重要象征。在物质层面上，历史遗留下的古戏台是传统文化历史最为显著和持久的体现之一，既是当时社会生活下的产物，又为后世留存了珍贵的文化遗产。作为一种建筑形式，它为历史学家和建筑史学家提供了珍贵的实物证据（包括建筑规制和建筑艺术等），同时为我们研究当时、当地的政治、经济、军事、宗教、民俗、文学艺术以及民族关系等方面提供了不可忽视的价值。

9.1.2 科学价值

在中国古代祠庙建筑中，古戏台作为一种重要的建筑形式，蕴含着丰富的传统文化信息，具备独特的美学价值和社会意义。由于它所反映出的思想内涵和审美与戏曲有着千丝万缕的联系，所以从某种意义上讲，它是戏曲文化发展过程中不可或缺的一个组成部分。因此对其进行全面深入的调查研究，对于进一步认识我国古典戏曲艺术的历史有极其重要的作用。

通过研究宁海古戏台建筑群，我们可以领略到古代营造技艺的精湛、建筑形制的独特以及装饰的繁复华丽，同时也可以深入了解古戏台所处的自然环境、历史沿革以及社会状况等历史文化信息。在此基础上分析其形成原因及演变规律，进一步探讨它对现代建筑创作的空间处理手法以及营造技艺的影响。宁海的传统工匠以当地出产的石材和木材为原材料，经过精雕细琢、匠心独运，成就了浙东地区传统建筑实践的杰出典范。在此基础上形成的具有浓郁地方特色的建筑营造体系以及营造技艺成为我国宝贵的非物质文化遗产之一。

10座全国重点文物保护单位的古戏台藻井的层层斗拱盘旋叠置形成的空间，具有极其重要的科学功能，它所产生的回声能够引起强烈的共鸣，从而使得演员的唱白更加珠圆玉润，观众在远处能听得更加清楚。在当代建筑设计中，古戏台的声学设计应用实践为我们提供了有价值的参考，这些古戏台的独特造型、多样风格和精美营造技艺，为研究我国南方古戏台的历史和古建筑的演变提供了生动的证据。

9.1.3 文化价值

在我国传统戏曲艺术的演进历程中，古戏台扮演着不可或缺的角色，为戏曲艺术的传承和发展注入了重要的能量。从历史上看，古戏台曾有过辉煌时期。现今，古戏台作为戏曲、节庆歌舞的演出场所，仍在扮演着文化传承的重要角色。随着时代的变迁，许多古戏台已经成为历史文化遗产。为了促进传统文化的传承和发展，我们需要对古戏台进行修复和保护，为戏曲和节庆演出提供更好的场所。在古戏台上举行的演出、庙会、祭祀等公共活动，以及突出当地的戏台、戏曲文化的宣传，都是以传统文化为媒介，从而激发创新，促进传统文化的延续，唤起民众对传统文化的自发性保护意识，这样不仅能够吸引民众的聚集和回忆，更能够获得集体认同感和场所归属感，从而在满足功能性需求的同时带来精神上的紧密联系。丰富人们的精神生活，更能够使古老的戏曲艺术焕发新的生机与活力。

在当前全球文化多样性的浪潮中，深入研究古戏台和戏曲，可以更好地展现中华民族的文化自信，为世界文化的繁荣发展奠定民族文化的独特基础。从社会属性的角度来看，通过有效保护和传承当地的民俗特色，并结合文化旅游，可以为当地的经济和文化事业的发展提供有力的推动。在当前乡村振兴的背景下，决策者需要积极探索最具活力的发展方向和发展方式，而不是盲目地进行创新。我们需要借助传统的力量，使其焕发出新时代的生命力和感染力，以适应不断变化的社会需求，从而实现可持续发展的目标。这些具有悠久历史的建筑，不仅承载着人们对于美好生活的向往和追求，更是先辈留给后人的珍贵遗产。因此，对古戏台进行有效的修复和保护，使其成为具有地方特色的物质文化遗产，对于延续村落记忆、弘扬民族精神、繁荣农村经济都有着积极重要的作用。

9.1.4 艺术价值

古戏台将营造技艺、装饰构件、纹饰雕刻和色彩等多种元素巧妙地融合在一起，形成了一个充满特定意境的舞台场景。它是文化、建筑和艺术高度融合的产物，其设计理念和表现手法都有很高的美学价值。随着时间的推移和社会的演变，古老的戏台承载了更为丰富的文化信息和精神内核，被赋予了新的时代内涵与意义。它们不仅满足着人民群众对文化娱乐生活的需要，同时也为我们展现了不同历史时期的地域风情、宗教信仰以及社会形态。宁海古戏台建筑群作为戏曲、民俗等文化艺术的载体，所呈现出的特征是精致且耐人寻味的。

随着文化消费的蓬勃发展和多元化的趋势，越来越多的人开始对传统戏剧和民俗文化产生浓厚兴趣，特别是那些附建于祠庙建筑的古戏台。通过深入探究宁海古戏台建筑群的组织、构建和展示，我们发现古戏台建筑注重场所感，强调功能分区及环境塑造。它以场所化设计理念为基础，运用各种手法来呈现特定场景下的人物关系以及事件过程。在演出内容上，既追求舞台表演又重视观众互动。这些都充分体现出古戏台建筑的独特性，为现代文化建筑空间的人文气息与艺术氛围的营造提供了强有力的支撑。对推进地区文化建筑的繁荣发展、提升文化自信、促进文化复兴、构建文化认同，具有深远的历史意义。

1. 整体性原则

早在 1976 年，联合国所颁布的《关于历史地区的保护及其当代作用的建议》就指出："每一个历史的或传统的建筑群和周边环境应该作为一个有内聚力的整体来看待，它的平衡和特点取决于组成它的各要素的综合，这些要素包括人类活动、建筑物、空间结构和环境地带。"因此，在对古戏台建筑进行修缮时，我们必须综合考虑建筑本身的历史、文化、社会等多方面因素对其产生的影响，以确保修缮效果最大化，同时还要注意协调好古戏台建筑本体及周边环境之间的关系。宁海古戏台依附于祠庙建筑而存在，它不仅承载着祠堂的神圣性和功能性，同时又受到当地环境的制约。如果我们在保护过程中只注重古戏台本身的保护，而忽视了对整个祠庙建筑的保护，那么很容易导致历史风貌的破坏，进而破坏历史文脉和周围环境，这显然是不可取的。为了保护宁海古戏台建筑群及其附属文物的完整性，避免发生与历史相关的人物和事件脱节的情况，我们应该尽可能避免对古戏台进行迁移保护。

为了确保古戏台及其所依附的祠庙建筑的历史文化信息得以传承，必须采取有效措施加以保护。在进行古建筑修缮时，不能简单地按照传统做法对其进行维修和改造，要结合建筑现状情况制定相应对策。要注重历史遗存本身及周围环境的协调关系，使之符合历史风貌要求。避免采用过于华丽、现代的风格，以免产生喧宾夺主的现象。从全局的角度出发，综合考虑经济、技术、环境等多方面因素，探索村落空间发展规划与古戏台建筑活化利用之间的契合点，从而实现整体保护。

除此之外，宁海古戏台建筑群的保护需要与当地戏曲艺术活动相互融合，二者共同构成一个内涵丰富的文化体系，必须相辅相成、相互促进、共同发展。古戏台和地方戏曲在保持其原有价值的同时，能够展现新时代的独特特征，实现了历史与现代的完美融合。

2. 原真性原则

《保护文物建筑及历史地段的国际宪章》是历史建筑保护方面的规范性文件，其中原真性（authenticity）被视为重要的历史建筑保护准则，并强调文化遗产的保护必须真实、完整。我国对于历史文化名城的保护方式主要采用了修复式保护与复原式保护相结合的模式。在保护和展示文物遗存的历史和美学价值的前提下，我们应该尊重原始材料，主张文物的保护修复工作应该以还原文物为目的，从而实现对历史文化的传承。

在我国历史建筑保护中，原真性已成为一项不可或缺的基本原则，它代表着对历史文化遗产的珍视和保护。我国现行的文物保护法规和条例对其进行了明确界定。《中国文物古迹保护准则》在文物保护内容章节中提出：必须原址保护、尽可能减少干预、定期实施日常保养、保护现存实物原状与历史信息、按保护要求使用保护技术、正确把握审美标准、必须保护文物环境、不应重建已不存在的建筑、考古工作注意保护实物遗存、预防灾害侵袭等。同时还对如何进行修缮加固以及维修时应该遵循什么原则做出了具体说明。

为了保护宁海古戏台建筑群的文物价值和文化内涵，必须坚持原真性原则，这样可以让人们在欣赏古戏台建筑的同时感受到它的历史背景和文化价值，避免因修复保护而产生的“伪戏台”。

由于受到多种因素影响，使得现存古戏台存在着不同程度的损坏现象，对其加以有效保护刻不容缓。为了确保宁海古戏台的保护修缮工作得以顺利进行，我们必须严格遵循原真性原则，从细部到整体都要做到精益求精、逐一修复。对于经过维修后仍可继续使用的构件，则应当尽量保存下来并重新利用。对于那些因局部破坏或改造后与原有风貌不符的构件，必须根据实际情况采取适当的措施进行修复，但对于这些构件必须能够清晰地区分出其保留和修复部分。

对于古建筑木构架及其附属构件，应该尽可能采用新技术、新工艺、新材料，力求做到既保持原有结构又不失其美学效果。对于雕刻精美的建筑构件，应尽量保留其原材质的纹理特征，以保持其独特的艺术魅力。对于那些已经被替换但具有较高艺术价值的构件，必须进行数字化保护。在对古戏台进行修缮时，不能采用拆旧建新的方式进行修缮，而应根据古建筑的特性和保存状态，采取恰当而有效的保护措施，以最大程度地延长其使用寿命。

3. 全面性原则

宁海现有的古戏台数量众多，因此需要有针对性地进行修缮和保护工作，这是一项全面、有计划、有重点的任务，而且需要大量的资金投入，不断地进行修复和维护。要想有效地解决这一问题，就必须从实际出发，因地制宜，制定合理而科学的策略；动员社会各界的力量，以政府为主导，实现政府、集体、群众三方面的合作与互动；确立相应的管理架构，并提供必要的经费支持；加强宣传力度，提高民众对古戏台建筑的保护意识；举办各种学术研讨活动，提升社会影响力。

在古戏台的保护工作中，应遵循小规模展开、按需修复的原则，并坚持因地制宜、可持续发展的理念，同时注重对建筑整体的保护和利用，将其保护视为一项长期且重要的任务。古建筑修复工作者要充分挖掘其历史文化内涵，以“活态”的方式进行维修改造。通过采用有效的措施，激发广大民众参与古建筑保护和传承的热情。

9.3.2 保护方式

对于古戏台的修复保护，目前仍缺乏明确的规范和模式，通常需要民间人士和匠师进行协商，按照传统习俗进行传承，因此在进行修缮和重建之前，必须进行充分的调研和规划，广泛征求意见。古建筑是人类历史文明的见证，具有极高的文化价值，对其进行合理的修复保护意义重大。保护措施涵盖了在原地实施的防护和在迁移过程中进行的防护等多种方式。古戏台修复时一般采取原地保护、迁移保护等，即利用建筑结构特点进行改造。大多数古戏台依附于整体建筑群，包括但不限于宗祠、庙宇、会馆、园林、古桥、路亭等，这些文物多为不可移动之物，因此必须坚守原地保护原则。

1. 原地保护

原地保护既包括保养性保护，也包括抢救性保护。保养性保护主要针对已失去原有功能或已经损毁的古建筑，修缮其结构体系，恢复它的使用价值。

保养性保护是指为了保护那些保存较完好的古戏台，需要定期进行细致的修整、除草、排水等维护工作，同时还需要定期进行检查，及时发现问题，及早修复漏洞。确保古戏台结构的稳定性，以延长其使用寿命，同时避免出现塌陷和渗漏的情况。古戏台主要的建筑材料木材容易腐朽、容易受到蛀虫和火灾的侵袭，要防止古戏台木构架被白蚁蛀蚀，就必须加强对木结构材料的防腐处理。木构架中最易腐朽的部位，是被掩埋于墙体内的木柱和屋面木基层，特别是檐头和翼角部分。这些地方如果年久失修，将严重影响到古戏台木结构房屋的安全使用。柱根腐朽容易导致柱子下沉，从而引起上部构架的变形，进而导致屋面漏雨，而这种漏雨又会进一步恶化木构架的损坏。如果没有及时对其进行养护维修，则极易发生倒塌事故。因此，定期进行柱根和屋面的观测，并进行适当的保养和维护，是不可或缺的。

对于那些遭受严重破坏、濒临崩溃的重要古戏台，我们需要采取抢救性保护措施，先进行抢修和维修，再进行大规模的修复，以确保其得以完好保存。中国的木构建筑采用构件模数化和施工装配化的方式，因此在进行抢修时，也可以对其进行解体修缮，即“落架大修”。所谓落架大修就是在抢修之前采取各种措施将其固定住，然后再实施修理工作的一种特殊做法。这是一种重要的传统修缮方法，可以有效地延长古建筑的寿命。在古戏台建筑出现整体或关键部位深度损坏的情况下，若无法通过其他方法解决问题，则应考虑采用此种方法。对于古戏台而言，进行解体、更换不能再用的构件、整修损坏的部分，并按照原型制、原结构、原材料、原工艺重新组装、原样恢复，是一项有效的措施，可以解决古戏台的保护问题，而经过科学修复的古建筑仍然具有重要的文物价值。在进行落架大修时，需谨慎考虑，若有其他可行的解决方案，则应优先考虑采用其他可行的方案。

2. 迁移保护

对于那些散落的、由于交通不便而无法在原址上进行修缮的古戏台，我们可以考虑将其整体迁移到符合其原有环境的村落中，或者将这些散落的古戏台集中迁移到一个全新的地点。所有被纳入文物保护单位名录的工程项目，必须经过文物管理部门的审批，并由具备施工资质的工程单位承担建设任务。在修缮过程中不能破坏原有结构和构件。在操作过程中，必须对原有构件进行组装，以确保其完全符合“原汁原味”的要求。有条件的话，也可以考虑异地重建，将古戏台搬到一起，汇聚于一处，呈现出多种不同的建筑功能和构造形制，可以打造成一个以戏剧文化为主题的公园或博物馆，形成“宁海古戏台博物馆”或“宁海古戏台文化公园”，供人们观赏，让人们可以一次性领略到不同戏台的独特魅力。若是单独修建一个戏场，则应按戏曲剧种分类进行保护和利用。

9.3.3 保护策略

宁海古戏台建筑群的保护是一项长期而系统的工作，通过与外部的交流与合作，可以有效地保护古戏台，这对于当地的发展大有裨益。

1. 与高校合作，建立宁海古戏台研究平台

宁海古戏台建筑数量庞大，分散分布，形成了一种独特的文化景观。为保护好现存的古戏台，必须对其进行实地测绘和全面调查。完成125座古戏台建筑细致全面的考察研究，需要投入大量的人力和物力。为确保顺利完成研究工作，在这一领域进行有效的学术交流和沟通显得尤为重要。高校作为学术研究的主要阵地之一，可以发挥出重要作用。加强与高校的紧密互动，展开相关研究课题，对于双方而言，皆是一项互利共赢的举措。政府可以与高校文史类专业展开合作，展开古戏台的历史价值和民俗文化等内容的研究。政府也可以与高校建筑、规划类专业展开合作，共同研究古戏台建筑本体的保护和活化、周边环境的保护、古戏台所在村落的发展。研究时应当借助信息化技术对有关史料进行整理，通过数字化手段将其呈现出来，使人们能够更加直观地了解到宁海古戏台建筑群的成就。

2. 深化研究工作，建立宁海古戏台研究体系

构建一个多层次、网络化的宁海古戏台的保护和管理机制，实现科学有效的保护和管理。基于对宁海古戏台建筑群的全面调查研究，根据其保存情况和价值大小分级定级，并以此为基础制定具体的保护措施。搭建一个由市、县、乡（镇）、村组成的管理体系，以保护和管理古戏台为主要目标，通过明确各级保护者的责任分工和权利权限，形成一个层层递进的责任网络。制定相应的保护措施，包括对古建筑进行修缮、筹措和分配维修资金、收集和保存古建筑档案和照片等方面。加强对古戏台的日常维护、保养和消防安全等方面的管理，以确保其在使用过程中的安全性。对各级文物保护单位、文物保护点的古戏台建筑，必须认真履行“四有工作”的职责，即确保它们拥有完备的资料档案、明确的保护范围、清晰的保护标志以及专业的保护人员。对于已经被毁坏或需要修复重建的古建筑，应尽快落实维修资金，制定维修方案。在此基础上，应根据古建筑的受损程度，明确优先考虑哪些保护措施，并根据其轻重缓急程度，制定出短期和长期的保护计划。

3. 发挥公众的能动作用，加强公众保护意识

保护古戏台，是全社会共同肩负的历史责任，需要我们齐心协力，共同努力。《保护文物建筑及历史地段的国际宪章》里提到：世世代代的历史文物建筑包含着过去岁月流传下来的信息，是人民千百年传统活的见证。这就要求每个公民都应爱护、尊重和珍惜这些珍贵的遗产，不能因经济利益或其他原因破坏它们。因此，开展古戏台保护，不能只局限于政府，更应该把社会力量纳入其中。

古戏台保护是一项需要全社会共同参与和协作的复杂工程，实现对古戏台的全面保护，强化公众的文化认同感，提升宁海民众对于宁海古戏台所蕴含的珍贵之处的认知水平，以此加强公众对于古戏台的保护意识。通过普及文物保护知识等多种手段，引导全社会对古戏台的珍视，为传承和弘扬卓越的历史文化遗产作出积极贡献。

4. 建立严格的管理体制和监督机制

对于那些拥有一定历史价值的古戏台的乡镇而言，必须设立专门的管理机构以确保其运营和维护的高效性和质量，这样才能保证古戏台能得到妥善的保护和管理，使其充分发挥应有的作用。为确保古戏台管理的有效性，该管理机构必须配备专业的管理人员和技术人员，定期对各个古戏台进行全面检查和修整，并负责收集和整理与古戏台相关的文献资料、调研资料以及每次检查整修的记录资料，将这些资料整理成系统化的档案。同时，还要建立一个专门组织和制度来指导管理。此外，该管理机构还应与涉及古建筑维修的权威机构和研究机构建立联系，以确保古建筑得到专业的保护。

为了保护已被列入各级文物保护单位（点）的古戏台，应当依据国家文物保护法，加强古戏台的立法和执法工作，确保其受到法律的保护、法律的约束、执法的严格和违法的追究，从而最大程度地减少人为破坏。这样才能保证古戏台能得到妥善的保护和管理，使其充分发挥应有的作用。对于那些虽未被列为文物保护单位（点），但具有保护价值的古戏台，也制定保护规划和条例，以确保管理机构在工作中能够依法行事。

9.3.4 传承与发展

1. 活化古戏台功能

宁海现存宗祠古戏台分散于宁海各个村落之中，与历史地段片状集中式分布方式形成鲜明对比，这种分散的分布方式给保护带来了一定的挑战。要注意对古戏台进行科学保护和合理利用，使其发挥应有的作用。由于戏曲文化和宗法文化的式微，古戏台的利用率受到了极大的限制。

为了保护古戏台建筑的完整性，必须延续其原有的舞台表演功能，这是保护的首要目标。首先，对于传统戏曲文化的传承与发扬，我们需要进行专业的保护修复工作，包括对环境进行专项整治以及对古戏台建筑本体进行修缮，以最直接的方式进行保护。其次，为了满足当代城市化进程中人们对文化生活的需求，要对宗祠古戏台及其附属建筑进行功能转化，赋予其新的功能，以更好地适应现代社会和生活的需要，这是一项非常有益的措施。再次，将古戏台作为一种旅游资源加以开发，充分利用其历史价值，可提高经济效益。在古戏台的保护过程中，利用古戏台的结构和台前广场，结合现代的休闲娱乐，当地社区可以进行文化广场的建设，充分利用古戏台及周边文化氛围，使其在居民休闲娱乐过程中得到一定的开发和利用，从而实现古戏台的保护和传承。最后，充分利用文化载体所具备的宣传功能，将经过修复的宗祠古戏台打造成一个展示家族文化和戏曲文化的场馆平台，并将其打造成一个地区文化中心，赋予古戏台新的功能，这样不仅能够使其焕发新的生机，同时也能够解决保护和维修的资金难题，还可以根据实际情况对原有宗祠进行适当改造或重新建设，使其成为农村社区居民活动空间的一部分，让村落焕发出新的活力，以促进文物建筑的活化利用和有效保护。

通过对岙胡村胡氏宗祠的功能进行置换，成功实现了将村内宗祠与村民户外休闲健身中心紧密相连，从而有效地改善和丰富了村庄的公共空间，为乡村文化的延续和发展注入了新的活力。作为主体的宗祠古戏台，由两个大平台组成，中间用竹篱笆隔开，可用于表演各种节目。左厢房被规划为供老年人休闲棋牌和阅读图书的场所，而右厢房则配备了先进的影像设备，供老年人共同欣赏电视节目。另外在村内新建了舞台，可以容纳更多群众在此观戏。在盛大的祭祖活动中，宗祠建筑中的古戏台依旧扮演着重要的角色，延续着其戏曲演出的传统功能和作用。

2. 普及戏曲文化

宁海素有戏曲之乡之称，其深厚的文化底蕴和广泛的群众基础使其成为众多戏曲爱好者的聚集地。通过举办多样化的文艺演出，向更广泛的受众展示古老而神秘的平调戏曲文化，以及地方特色戏曲艺术的卓越水平。为了提高古戏台的文化氛围和利用率，建议在剧团下乡进行公演时，优先选择古戏台作为专业剧团公益演出的场地，这样不仅可以降低流动戏台搭建的成本，还能充分发挥古戏台的余热。

近年来，当地政府采取了多种宣传推广宁海古戏台的形式，以期让更多人了解其文化价值和艺术魅力。例如，举办宁海古戏台照片展，在各类媒体上发布宁海古戏台的内容，众多学者撰写多部宁海古戏台的专著，岔路工匠葛招龙喜摘中国民间文艺山花奖，进一步加强对古戏台爱好者的宣传和培训。2011 年，中国木作（古戏台）文化高峰论坛在岙胡村胡氏宗祠古戏台举行，邀请了全国著名戏曲演员来此演出。这些对外开放活动的开展，提升了宁海古戏台的影响力，有助于扩大“中国古戏台文化之乡”的知名度。

3. 传承戏台工艺

宁海古戏台建筑群所展现出的众多工艺和艺术成就，为现今从事相关专业的人士提供了深刻的启迪。“工欲善其事，必先利其器。”“技可进乎道，艺可通乎神。”在现代公共交流空间中，如成都会馆、人民大会堂、苏州博物馆等，中国传统建筑营造中的工匠精神得到了很好的体现。通过对宁海古戏台建筑群的藻井进行变形和简化，并将其应用于空间领域，有助于推动传统工艺的创新与发展。从形式上到功能上对藻井进行改良，使其更具实用性与文化性，并能满足人们对于审美情趣及艺术品位的追求。宁海古戏台建筑群的藻井、卷棚、天井、屋顶等，不仅造型优美，而且具有极高的实用价值和传承价值，通过将这些营造技艺创新运用于现代交流空间，可以极大地提升现代交流空间的品质。

此外，古戏台是古建筑研究人员进行实习和研究的理想场所。作为实习场所，可满足学生在古建筑测绘实习中的需求，使其近距离接触古建筑的历史痕迹，深入了解内部构造特征，亲身感受宁海古戏台的朴实之美；作为研究场所，能为其他地区的古建筑研究人员提供一些借鉴，可以与相关专业的高层次机构和专家建立长期的合作关系，深入挖掘古戏台的人文内涵，有助于提升古戏台的声誉，扩大其影响范围。2018 年，“古韵新声、双遗同和”宁波古戏台保护利用高峰论坛举行，80 多位来自全国各地的古戏台专家、学者现场考察了宁海古戏台；2019 年，浙江省考古专家专题调研宁海古戏台……

4. 打造古戏台文化品牌

保护宁海古戏台建筑群已成为宁海文化建设的重中之重，政府部门应派遣专业人员对其进行针对性、系统性和规范性的管理。同时加大宣传力度，提高公众保护意识，使之成为全民参与的一种形式和途径。以保护宁海古戏台建筑群为目标成立专项基金，将历史文化遗产纳入现代旅游业发展规划中，并制定相关政策鼓励民众积极参与古戏台的旅游开发与保护活动，打造古戏台文化品牌。

5. 发展古戏台文旅产业

古戏台蕴含着建筑之美的精髓，更应该传递着精神之美的精髓。它承载着历史文脉和民俗文化。古戏台的功用在于它不仅能够为民众带来戏剧的乐趣，更能够将戏剧的魅力传递给广大民众，从而实现文化与民众的深度融合。从美学角度看，古戏台不仅具有极高的历史价值和艺术价值，而且能满足人们日益增长的精神需求，是一个值得开发建设的新领域。在文旅产业深度融合的时代背景下，古戏台的激活和文化遗产的充分利用成为了必要之举。目前，许多城市都有建设古戏台的愿望，但要想把这些古戏台打造成为具有地方特色、群众喜爱的旅游景点，还需要做大量工作。为了丰富和活跃宁海市民的文化生活，以及增添他们在节日或重要活动期间的文化旅游魅力，建议古戏台的属地管理部门和直接管理部门与专业或业余文艺团体建立合作，让他们能够登上古戏台，举办文艺演出活动。

古戏台不仅是一座演出场所，更是一座集建筑、雕塑、工艺、美术和文学等多种元素于一身的文化遗产，具有重要的文化旅游价值。要充分发挥古戏台这一传统建筑形式所特有的审美功能和教育功能，让更多人了解它并喜爱它。在推进城乡文化空间的打造过程中，我们应充分利用古戏台等具有文化属性的地标，将其融入文化演出中，以实现经济效益和社会效益的双赢目标。

9.4
宁海古戏台建筑群的数字化保护

随着信息技术的迅猛发展，数字化已成为全球公认的最为高效的文化遗产保护手段，数字化技术在不可移动文物和传统工艺等文化遗产的保护和传承方面取得了显著的成果，引起了各国的高度重视。我国是一个历史悠久、文化资源丰富、民族众多、地域辽阔、自然条件复杂多样的国家。随着文化遗产的活态化和信息化传承需求的不断增长，势必要求采取数字化技术手段，开创全新的传承局面。

9.4.1 数字化保护的意义

1. 有利于宁海古戏台安全监管智能化水平提高

宁海古戏台建筑群的保护工作，离不开对其安全监管的严格把控，这是其底线、红线和生命线。提升宁海古戏台建筑群的安全监管智能化水平，可促进古戏台信息化建设的不断完善和整合，形成由基本信息库、安全管理数据库、文物保护数据库，以及综合管理平台、安全巡查平台构成的“三库两平台”，从而实现从抢救性保护到预防性保护的转变，并建立长效的古戏台安全机制。

2. 有利于宁海古戏台的工艺传承

由于承载着宁海戏曲文化和传统地域文化的基因和血脉，宁海古戏台成为了中华优秀文化资源中不可再生、不可替代的一部分。随着社会经济发展及人们生活方式的转变，古戏台面临被破坏或损毁的危险，其保护修复工作迫在眉睫。宁海古戏台的安全、高清数据采集和文化基因提取工作，为其活化利用提供了物质、精神、语言、制度和规范等多方面的要素基础，同时加强工艺传承技术示范应用，有助于传承古戏台文化基因的价值。

3. 有利于深化宁海古戏台数字化应用水平

通过宁海古戏台建筑群数据的采集和文化基因的提取展现，数字化平台向公众开放，从而最大化发挥古戏台文化数字化平台的价值，为文物数字化应用服务更广泛的人民需求提供了有利条件。

9.4.2 数字化保护技术

1. 三维数字模型

倾斜摄影测量技术已经在国际测绘遥感行业得到了广泛的应用和推广。近年来，地面影像辅助倾斜影像三维精细建模技术以及 LiDAR 数据辅助倾斜影像三维重建技术得到了迅猛的发展。将激光雷达数据和倾斜摄影数据相融合，利用地面激光雷达数据和地面影像数据，辅助倾斜影像技术进行全面、精细的目标三维场景重建，是一种优秀的城市三维重建手段。相较于传统方式，基于点云数据和激光扫描数据相结合的立体模型构建及可视化方法，信息获取速度更快，信息保留更加全面，数据处理自动化程度更高，数据处理效果更加直观易懂。

三维激光扫描技术起源于 20 世纪 90 年代，当时该技术被应用于构建基于特定目标的三维模型。随着科技水平的不断提高以及对文物保护要求的日益严格，该技术在文物保护方面也得到了迅速发展与广泛应用。在不可移动文物测绘领域，三维激光扫描技术已经展现出了广泛的发展前景，为该领域的进一步发展提供了有力的支持。“米开朗基罗数字化”项目于 1999 年成功实现，采用了先进的三维激光扫描仪技术；2007 年，罗马大学运用三维激光扫描技术，对历史悠久的庞贝古城进行了虚拟漫游，为这座古城注入了新的生命力；2012 年，罗马大学利用三维激光扫描技术，成功地实现了对圣埃拉斯莫教堂在地震中遭受破坏的情况进行还原。三维激光扫描技术在古建筑修复方面应用较为广泛，但其在我国古建筑修复应用方面还处于起步阶段。大约在 2000 年，三维扫描技术开始进入我国建筑遗产保护领域，为其注入了新的活力。目前，我国已有多个城市开展相关工作，但大多停留于初步应用阶段。利用三维激光扫描技术，快速获取点云数据并快速生成三维点云模型，以真实描述目标物的整体结构和形态特性，从而完整地获取空间信息，并将其保存到最全面的参考资料及档案中，进而形成全面、系统、翔实的科学记录档案及相应的现状信息数据，这对于指导古建筑今后可能的修复活动，以及为后续各项专题研究积累基础材料、奠定基础，具有至关重要且刻不容缓的意义。

2. 虚拟修复

随着数字摄影测量、激光扫描、三维建模和虚拟现实等前沿技术的蓬勃发展，文物数字化保护越来越受到重视。目前国内关于文物三维数据获取、点云数据处理及三维重建、三维场景构建与漫游等研究较多，而对于高精度三维模型的建立及其相应的虚拟修复过程则鲜有涉及。在数字化文物保护领域，国内外学者已经积累了一定的研究成果和相关经验，为基于高精度三维模型的相关文物虚拟修复工作提供了广阔的前景。通过运用计算机虚拟现实技术，结合传统文物修复方法，对文物进行高精度三维建模进行虚拟修复，从而为文物保护修复工作提供科学参考，有效减少实际修复工作中对文物的频繁接触，避免修复不当对文物造成二次损害。

近年来，文物虚拟修复的进展得益于三维点云处理技术、人工智能以及虚拟现实等前沿技术的不断推进。随着深度学习技术的不断创新和硬件成本的不断降低，将其与传统的文物虚拟拼接技术相融合已成为一项备受关注的研究方向。利用深度学习技术对文物碎片进行构件分类后，采用传统拼接算法对分组构件进行拼接，从而实现更高效的文物修复效果。

3. 历史建筑信息模型

历史建筑信息模型（Historic Building Information Modeling，HBIM）是一种新兴的历史建筑遗产模型，通过数字技术对历史建筑遗产进行建模，实现了完整的工程信息的创建、保存、记录和管理。随着计算机技术的发展，数字化测绘成为研究热点，通过计算机自动生成数据并加以处理分析，从而得到相关成果。在国外，HBIM 的广泛应用主要集中于利用三维激光扫描和摄影测量等技术建立 BIM 模型，并通过 VR（虚拟现实）等技术展示和应用 BIM 模型。HBIM 在国内的建模过程中更加注重构建关系，以建立构件级别模型，从而为记录信息和后期使用管理服务提供支持，逐渐将 HBIM 作为历史建筑遗产记录建档的技术基础。

随着数字化时代的到来，越来越多的人意识到传统纸质档案已经无法满足现实需要，因此建立一套能够反映文物本体特征、具有较高真实性的古建筑数据库显得尤为重要。由于古戏台的构造特点，其构件尺寸均采用特殊的尺寸模数化方式，因此将 HBIM 作为历史建筑遗产保护的信息数据管理途径已被广泛认可。通过构建古建筑数字化虚拟场景，并结合传统的营造方法，可实现从设计到施工全过程的信息化控制和可视化再现。利用 Revit 平台构建 BIM 模型，可实现建筑构件信息的标准化和量化提取，记录古建筑营造的工艺过程，并对构件信息进行分类编码研究，从而为逆向重建工艺提供了巨大的优势。

9.4.3 古戏台数字信息系统构建

HBIM 的信息综合能力为古戏台木作营造技艺库的构建提供了高效的信息存储和管理解决方案，从而解决了传承过程中木作营造技艺所面临的存储和管理难题；结合数字化信息技术在建筑领域中的运用研究现状，实现传统木作营造技艺继承发展的可能。数字信息系统在木作营造技艺传承工作中的应用，不仅可以提升数字化传承的效率，同时为传承人、管理者和传承受众带来了更广阔的传承视野，从而实现了数字化传承的全面升级，为宁海古戏台建筑群木作营造技艺的数字化传承提供了坚实的基础技术支撑。

1. 数字信息系统建构目标

（1）准确、全面地建档与归档。

利用数字采集、数据处理、数字考古和数字修复等多种手段，构建宁海古戏台建筑群木作营造技艺非遗信息库，其中包括“古戏台营造技艺”“古戏台营造技艺传承人”和“古戏台营造技艺组织流程”三条逻辑主线。实现宁海古戏台建筑群木作营造技艺非物质文化遗产的数据信息资源全面、完善地建档与存档，且该档案数据库可随时进行更新和修改。

（2）高效率的分类与管理。

在信息模型构建完成后，运用数字信息系统以更加科学的视角，对古戏台木作营造技艺的关键信息进行了量化处理和信息编码，提取了其营造风格特征，并对木作营造技艺的各类组成构件的尺度变化与差异进行数据统计、分析与归纳。实现数字信息系统从信息平台向管理平台的转型，以实现高效、规范的管理。

（3）技艺传承。

除解决技艺层面及文化层面的基本存储及管理、建档及建库问题外，更重要的是要为各类传承主体提供可持续性及活态化等社会层面的解决路径及援助，以应对从业、就业及择业等各个阶段所遇到的瓶颈及难题。

（4）创新与创造。

基于数字信息系统和数据库，对今后古戏台建筑的设计创作提供相应的引导，对木作营造技艺在不损害原真性和完整性的前提下的革新开展指导。

2. 数字信息系统功能概述

（1）数据库功能。

将宁海古戏台建筑群的实物信息转化为数字化信息，呈现木作营造技艺的方式已从古戏台的测绘转变为精确的数据记录信息。数字化是建立在计算机和信息技术基础之上的一门综合性技术。数字信息系统是一个高度复杂的数据处理过程，它涵盖了从数据采集到模型构建的全过程，不断地添加、记录、完善和更新各种数据信息。

（2）全生命周期功能。

数字信息系统实质上是以数字技术为支撑，对古戏台的木作营造技艺进行全生命周期的管理。它是以数字化信息技术为依托，通过构建一个虚拟场景来再现古戏台营造过程中各环节的工艺细节与文化内涵。通过运用数字技术手段，对古戏台的设计制作、准备工作、安装工序和运营管理四个阶段进行信息采集、处理、转换和重建，以分析、模拟、可视化和工程量统计木作营造技艺，并针对不同的传承主体、营造技艺本体或载体环境，有针对性地实现数字传承途径的重点。基于数字化手段构建一个以“历史 - 艺术”为主题的古戏台营造智慧系统。

考虑到古戏台的木作营造技艺所包含的数据信息极为烦杂，因此须从木作营造技艺的本体构成、传承主体以及时间三个维度实现全生命周期的功能。在构建古戏台营造技艺数字化模型时，需要考虑到该技术体系与其他相关学科之间的关联，同时也要充分考虑到各个要素间存在着内在关联性。

根据对古戏台木作营造技艺本体构成的研究，将其归纳为木构件类别、参数、雕饰以及文化意识四个方面的信息，这些信息构成了木作营造技艺本体的维度。在历史发展过程中形成的各类古建筑营造技艺具有共性特征，也存在着一定差异，通过对古戏台营造技术特点与工艺流程的总结归纳，构建了一个完整的数字化体系模型。

宁海古戏台建筑群木作营造技艺的传承主体，涵盖了社会、家族、行业和学校教育的传承人。以“六艺”理论为基础，分别阐述这四种传承主体各自不同的特征。

第三个维度涉及到时间的维度。通过文献分析和实地调查等方法，对古戏台营造技艺从不同时期的发展脉络以及演变历程做一个较为详细的梳理和总结，详细记录古戏台木作营造技艺传承的各个阶段，包括信息采集、建档归档、重建维护以及创新探索。

在信息提取的过程中，必须全面涵盖传承过程中所涉及的信息内容，并对其进行细致的分类整理，以剔除那些无用的信息，从而确保信息的价值得到充分的保障。通过协同不同的传承主体，实现数字信息系统的多专业、多性能集合，以确保信息的精准性和专业性，并不断更新、存储和完善信息。

（3）协同设计功能。

在历史的长河中，协同设计作为古戏台木作营造技艺的一种体现，从最初的个体传承逐渐演变为群体性传承。古戏台作为一种特殊类型的建筑文化，其营造过程既包含了“工匠”与“匠人”之间的关系，也包括“匠人”与其他群体之间的互动和交流。行帮组织中各工种的技艺传承人相互协作，共同完成了一项错综复杂的古戏台营造。这些技艺传承人以师徒或个人等形式存在于不同的群体之中，他们共同承担着古戏台营造过程的主要任务和角色。

在数字化时代的古戏台木作营造技艺传承中，随着传承主体范围的扩大和所需专业类别的增加，实现古戏台木作营造技艺的传承往往需要多个专业之间的协同参与，这是一个复杂而多层次的过程。以“传习”和“创艺”作为两个维度，建立起了古建筑营造技艺的三维立体展示体系。数字信息系统的建立旨在为参与方提供一个信息模型，该模型承载着重要的信息，传承师傅可以通过该模型进行教学，管理方可以根据该模型进行创新性管理，施工方则可以利用该模型进行工序阶段的作业。

因此，在数字信息技术背景下，营造技艺的传承和发展应重视其自身特点与优势。数字信息系统的协调作用在于保持传统行帮体制的真实性和整体性，以适应现代施工组织的分包模式和招投标管理，从而实现传统营造和当代施工的协同管理。

9.4.4　古戏台数字化展示与传播

1. 数字化的展示平台

古戏台数字化展示平台由线上互联网平台及线下博物馆平台两部分组成，基于两部分平台并结合当前古戏台数字信息系统所具备的技术资源，实现了对其营造技艺自身及内涵、外延的较好呈现和传播。

（1）线上互联网平台。

数字化展示与传播在线上互联网平台上呈现出多种形式，其中包括 VR、AR（增强现实）、动作捕捉、微信导览、非遗游戏、非遗 App、非遗数字网站以及非遗动漫等多种形式。

（2）线下博物馆平台。

线下博物馆平台为古戏台营造技艺的数字化展示及传播奠定了基础，依托于线下博物馆平台的数字化展示及传播方式主要包括：古戏台文创衍生品，古戏台体验课，古戏台旅游，古戏台 3D 打印模型，IP 定制，在 VR 技术、AR 技术的辅助下实现古戏台营造技艺在线下博物馆中的整体性呈现。

2. 数字化展示与传播的展品

古戏台的文化遗产是由物化形态和蕴含其中的文化内涵和传承体系两个方面所构成的。前者主要指有形形态，后者则主要指无形形态。古戏台的营造技艺呈现出一种物化的形态，其中包含了营造技艺所需的原材料、工具、营造作品以及其动态表现过程，这些要素在外在形式上得以显现。古戏台营造技艺的物化形态又可以分为物质形态与非物质形态两大类。古戏台营造技艺所蕴含的非物质文化遗产元素，具有内在的精神属性，包括审美取向、价值观、民族习俗、文化理念、心理结构和道德规范等方面。古戏台的保护利用工作需要从有形建筑向无形文物转变，而非单纯以物质载体为基础进行修复重建。因此，在数字化展示和传播古戏台营造技艺时，除了传统意义上的物质化构件展示，更为重要的是对营造技艺的精神属性部分进行了呈现。以“古戏台营造技艺”为主题的数字博物馆建设，就是将古戏台建筑营造技术的物化元素进行虚拟再现。展品的数字化展示和传播方式包括无形展品、实物展品和辅助展品三种形式，以满足不同观众的需求和期望。

（1）无形展品。

无形展品是指利用物质载体和影音媒介，将非物质文化信息转化为多媒体展示，包括动作营造、技艺创造、手工操作技巧和民俗仪式过程等，并将其存储为影音资料。在互联网时代下，传统艺术形式以数字技术为支撑实现了数字化转换，并借助新媒体渠道得以广泛传播。在线上互联网平台和线下博物馆平台中，以实体存储设备（如手机、投影仪等）为媒介，实现展示和传播的功能。

（2）实物展品。

展示古戏台营造技艺非遗的实物展品，包括古戏台营造技艺的设计图纸、现场照片、营造工具、书籍资料等，这些实物展品本身就具备一定的价值。通过对这一具体“物”进行数字化处理，可以得到一个直观、生动、形象的三维场景展示，从而实现了对于这一传统工艺文化内涵的立体呈现。毋庸置疑，古戏台营造技艺作为一种复杂的非物质文化遗产，其各个物质方面的存在也是其文化价值和精神价值的体现，是古戏台营造技艺文化意义的“见证者”和文化信息的“代言人”，因此，在线下博物馆平台全面、真实地呈现这些“物”，显得尤为必要。

（3）辅助展品。

除无形展品和实物展品外，古戏台营造技艺的展示和传播还通过 3D 打印模型、VR

电影、非遗文化衍生品等辅助展品得到加强。将非物质文化遗产作为展品陈列于博物馆内，旨在营造技艺的保护与展示。然而，传统的博物馆展示方式容易将非物质文化遗产和传承主体割裂开来，将非物质文化遗产从其所处的社会环境和生存发展空间中分离出来。因此，如何将非物质文化遗产与人、社会环境紧密联系起来，以完整、真实的方式呈现出来，是数字化非物质文化遗产展示和传播的重点问题。在这个过程中，辅助展品的出现就成了一个非常重要的因素。为了解决非物质文化遗产展示与传播的问题，辅助展品的出现为我们提供了多种展示和传播方式，从搭建古戏台场景以复原营造流程，到虚拟仪式情景以复原营造文化内涵，再到工厂场景以复原营造技艺，最后到一张线稿图解以复原构件设计，等等。这些都是在非遗展览中能用数字技术表现出来的内容，也就是我们所说的辅助展品。这些元素构成了非物质文化遗产展示的另一重要组成部分，打破了无法将营造技艺完整地传递到博物馆中的时间和空间的限制，通过解释实物展品与传承人、社会空间之间的内在联系，有助于加强实物展品的文化内涵和精神价值。

3. 数字展示与传播的应用

（1）虚拟现实展示与传播。

随着 VR 技术的蓬勃发展，虚拟现实应用焕发出了耀眼的光芒。虚拟现实是利用三维立体显示设备，结合声音和视频，向观众呈现真实场景或模型所构成的一个逼真的环境。通过综合运用计算机图形学、仿真技术、多媒体技术、人工智能技术、计算机网络技术、多传感技术等多种手段，以沉浸式、交互式、构想式为特征，模拟人的视觉、听觉、触觉等功能，使人沉浸在计算机生成的虚拟境界中，并通过自然方式如语言、手势等进行实时交互，从而创造出一种适宜的多维信息空间。这种新型的人机交互模式将成为未来人类生活不可缺少的一部分。从用户体验的角度来看，VR 体验可被归为三种不同的体验模式，分别是非交互式、单人 – 虚拟环境交互式和多人 – 虚拟环境交互式。

古戏台的营造技艺主要是通过师徒之间的口头传承，这已经成为一种惯例。然而，随着时间的推移，一些工艺流程已经逐渐消失，因此，在博物馆中完全保留和展示营造技艺的原始状态变得异常困难，需要借助虚拟展示手段。古戏台营造技艺强调的是传承人的活动过程，而实体复原展示往往会让观众停留在某一固定情境或表面现象，无论实体复原的场景多么逼真和具有代表性，最终呈现给观众的只是“固化的瞬间”，无法对非物质文化遗产项目本身有更好的认知。相比之下，虚拟现实这种体验模式则能够动态地展示古戏台营造技艺的技术和文化。

以群体 – 虚拟环境交互式体验数字化技术路线为例，大致需要通过五个步骤实现古戏台营造技艺的多人交互沉浸式体验系统：①需要通过前期构建的三维模型资源集成，如 Unity 3D 引擎；②场景光影、特效效果设置；③用户界面制作；④多人大空间定位功能开发；⑤多人协调交互功能开发。

（2）增强现实展示与传播。

随着 VR 技术的发展，AR 技术应运而生，为我们带来了全新的体验。该技术的独特之处在于，通过实时捕捉影像设备的位置信息，运用手机、平板电脑上的软件算法进行逆向计算，从而推断出摄像头的位置，最终将预先制作的三维模型与实景相结合，输出至画面中。在这个过程中，用户无须借助任何辅助工具，就能获得虚拟场景内的真实图像。当前，这一技术已经相对成熟，可以轻松地整合到 Unity 3D 平台中，实现数字信息与现实世界的无缝融合。

通过将 AR 技术应用于古戏台的营造技艺展示和传播中，可以将与营造技艺相关的三维数字模型通过计算机设备和多种传感技术并行转换为数字三维信息，并将其叠加到营造技艺真实场景中，以自然、真实的状态呈现在用户的手机或平板电脑上，并在一定时间内对这些数据进行分析和处理后反馈至虚拟空间中，从而让更多人参与其中，实现“一馆多用”的目的，使其成为一个可互动的整体环境。AR 系统不仅支持多个三维信息内容的相互叠加，还可同时融合制作流程、制作工艺、数字动画等多种信息元素，以补充被分解的古戏台营造技艺，将古戏台营造技艺最大限度地、完整地传递给用户，从而提升用户的真实认知和体验，增强用户的民族文化认同感。

利用 AR 技术，古戏台营造技艺得以广泛传播，同时具有娱乐性、交互性和体验感三个维度的优势，拉近用户与古戏台营造技艺之间的距离，推进古戏台营造技艺文化遗产的展示和传播，促进相关产业的联动发展。

参考文献

[1] 曹飞，颜伟，2016. 中国神庙剧场史 [M]. 太原：三晋出版社 .

[2] 车文明，2005. 中国神庙剧场 [M]. 北京：文化艺术出版社 .

[3] 车文明，2011. 中国古戏台调查研究 [M]. 北京：中华书局 .

[4] 车文明，2013. 中国古戏台遗存现状 [J]. 中国文化遗产（5）：30−35.

[5] 车文明，2013. 中国神庙剧场中的看亭 [J]. 戏曲研究（1）：151−160.

[6] 车向东，2022. 徽州古戏台的建筑形制与建筑文化探讨 [J]. 工业建筑 52（4）：221.

[7] 陈桂秋，丁俊清，余建忠，等，2019. 宗族文化与浙江传统村落 [M]. 北京：中国建筑工业出版社 .

[8] 冯俊杰，2013. 中国古戏台的断代问题 [J]. 戏剧（中央戏剧学院学报）（2）：17−25.

[9] 冯允千，2008. 宁海平调 [M]. 杭州：浙江摄影出版社 .

[10] 傅谨，2022. 中国戏剧史 [M]. 2 版 . 北京：北京大学出版社 .

[11] 胡同庆，2019. 敦煌佛教石窟艺术图像解析 [M]. 北京：文物出版社 .

[12] 黄文杰，2020. 浙江戏曲文化史 [M]. 杭州：浙江大学出版社 .

[13] 李秋香，2006. 庙宇 [M]. 北京：生活・读书・新知三联书店 .

[14] 李秋香，2006. 宗祠 [M]. 北京：生活・读书・新知三联书店 .

[15] 李允鉌，2014. 华夏意匠 [M]. 2 版 . 天津：天津大学出版社 .

[16] 李浈，2015. 中国传统建筑形制与工艺 [M]. 3 版 . 上海：同济大学出版社 .

[17] 梁思成，2005. 中国建筑史 [M]. 天津：百花文艺出版社 .

[18] 梁思成，2013. 营造法式注释，梁思成全集 [M]. 北京：生活・读书・新知三联书店 .

[19] 廖奔，1997. 中国古代剧场史 [M]. 北京：中国书籍出版社 .

[20] 楼庆西，2011. 雕梁画栋 [M]. 北京：清华大学出版社 .

[21] 楼庆西，2011. 装饰之道 [M]. 北京：清华大学出版社 .

[22] 罗德胤，2009. 中国古戏台建筑 [M]. 南京：东南大学出版社 .

[23] 罗德胤，秦佑国，2002. 中国戏曲与古代剧场发展关系的五个阶段 [J]. 古建园林技术（03）：54-58.

[24] 罗德胤，秦佑国，2013. 古戏台，戏曲文化的建筑遗存 [J]. 中国文化遗产（5）：20-29，8.

[25] 马炳坚，2003. 中国古建筑木作营造技术 [M]. 2 版 . 北京：科学出版社 .

[26] 宁海县地方志编纂委员会，2019. 宁海县志（1987—2008）[M]. 北京：方志出版社 .

[27] 宁海县第三次全国文物普查办公室，2012. 缑乡古韵 [M]. 杭州：西泠印社出版社 .

[28] 齐学君，王宝东，2010. 中国传统建筑装饰 [M]. 北京：机械工业出版社 .

[29] 乔思涵，2019. 古戏台戏曲彩绘图饰艺术探讨 [J]. 戏剧之家（24）：27.

[30] 桑轶菲，应佐萍，2018. 浙江古戏台建筑空间形态分析及利用 [J]. 浙江建筑，35（12）：2-6.

[31] 沈福煦，2001. 中国古代建筑文化史 [M]. 上海：上海古籍出版社 .

[32] 汪燕鸣，1993. 浙江古戏演出与古戏台 [J]. 东南文化（6）：133-140.

[33] 王国维，2020. 宋元戏曲史 [M]. 上海：上海书店出版社 .

[34] 王慧慧，2006. 古戏台的形成及其演变 [J]. 文博（4）：43-45.

[35] 王季卿，2002. 中国传统戏场建筑考略之二—戏场特点 [J]. 同济大学学报（自然科学版）(2)：177-182.

[36] 王季卿，2002. 中国传统戏场建筑考略之一—历史沿革 [J]. 同济大学学报（自然科学版）(1)：27-34.

[37] 王季卿，2014. 中国传统戏场建筑研究 [M]. 上海：同济大学出版社 .

[38] 王强，2000. 会馆戏台与戏亂 [M]. 台北：文津出版社 .

[39] 王薇，2020. 徽州古戏台建筑艺术 [M]. 北京：中国建筑工业出版社 .

[40] 王薇，徐震，2015. 徽州地区明清时期古戏台规划选址及建筑类型 [J]. 工业建筑，45（7）：62-67.

[41] 王益澄，陈芳，马仁锋，等，2019. 宁波历史文化名村保护与利用研究 [M]. 杭州：浙江大学出版社 .

[42] 王瑗，朱宇晖，2006. "藻井"的词义及其演变研究 [J]. 华中建筑，24（9）：129-130.

[43] 王政尧，2005. 清代戏剧文化史论 [M]. 北京：北京大学出版社 .

[44] 吴开英，罗德胤，周華斌，等，2009. 中国古戏台研究与保护 [M]. 北京：中国戏剧出版社 .

[45] 谢子静，2018. 古戏台戏曲彩绘图饰艺术探析 [J]. 新美术，39（1）：100-105.

[46] 徐培良，2007，应可军 . 宁海古戏台 [M]. 北京：中华书局 .

[47] 徐培良，2013. 戏剧之乡的繁华见证宁海古戏台 [J]. 中国文化遗产（5）：50-55.

[48] 薛林平，2008. 浙江传统祠堂戏场建筑研究 [J]. 华中建筑（6）：114-124.

[49] 薛林平，2008. 中国传统戏台中的藻井装饰艺术 [J]. 装饰（11）：115-117.

[50] 薛林平，2009. 中国传统剧场建筑 [M]. 北京：中国建筑工业出版 .

[51] 杨古城，周东旭，2020. 浙东古戏台：宁波卷 [M]. 宁波：宁波出版社 .

[52] 杨珂，黄章敏，2009. 绍兴传统戏台建筑式样艺术探索 [J]. 农业考古（3）：203-205.

[53] 杨新平，2015. 浙江古建筑 [M]. 北京：中国建筑工业出版社 .

[54] 杨阳，冯楠舒，高策，2020. 中国古戏台匾联的声学解读 [J]. 中国音乐（3）：89-99.

[55] 杨怡菲，李路珂，席九龙，2021. 山西芮城永乐宫元代天花、藻井研究 [J]. 建筑史学刊（3）：50-67.

[56] 尹文，1998. 从古戏台楹联看传统戏曲的审美特征 [J]. 艺术百家（2）：15-19.

[57] 张庚，郭汉城，2006. 中国戏曲通史 [M]. 北京：中国戏剧出版社 .

[58] 张静静，2020. 乐平古戏台营造技艺 [M]. 合肥：安徽科学技术出版社 .

[59] 赵福莲，2015. 品读深甽 [M]. 北京：北京时代华文书局 .

[60] 赵晓亮，2011. 宁波古戏台 [M]. 杭州：浙江工商大学出版社 .

[61] 中国戏曲志编辑委员会，《中国戏曲志・浙江卷》编辑委员会，1997. 中国戏曲志・浙江卷 [M]. 北京：中国 ISBN 中心 .

[62] 周航，2015. 宁海古戏台建筑群研究 [M]. 杭州：浙江大学出版社 .

[63] 周华斌，朱联群，2003. 中国剧场史论 [M]. 北京：北京广播学院出版社 .

[64] 周易知，2019. 浙闽风土建筑意匠 [M]. 上海：同济大学出版社 .

[65] 朱联群，周华斌，2002. 中国剧场史资料总目 [M]. 北京：北京广播学院出版社 .

[66] 朱永春，2011. 民间信仰建筑及其构成元素分析：以福州近代民间信仰建筑为例 [J]. 新建筑（5）：118-121.

[67] 伊东忠太，2006. 中国古建筑装饰 [M]. 刘云俊，张晔，译 . 北京：中国建筑工业出版社 .

[68] 李诫，2011.《营造法式》译解 [M]. 海燕，注译，武汉：华中科技大学出版社 .

[69] Wang J. Q.，2002. Acoustics of Chinese traditional theatres[J]. The Journal of the Acoustical Society of America，112（5）：2333.

[70] Yang L.，Zhang M.C.，2017. China Village Stage：Architecture and Decoration Arts on LEPING Ancient Opera Stage[C]// 2017 3rd International Conference on Humanities and Social Science Research（ICHSSR 2017）（121）：468-472.

[71] Zhang D. X.，Feng Y.，Zhang M.，et al.，2023. Sound Field of a Traditional Chinese Palace Courtyard Theatre [J]. Building And Environmen，230（2）.

[72] Zhao X. H.，2021. Form Follows Function in Community Rituals in North China：

Temples and Temple Festivals in Jiacun Village [J]. Religions（12）：1105.

[73] Zhao X., 2017. The Hall of Superabundant Blessings：Toward an Architecture of Chinese Ancestral-Temple Theatre[J]. Asian Theatre Journal，34（2）：397-415.